影像辨識實務應用

使用 C#

張逸中、李美億 著

好評回饋版

用C#輕鬆寫出影像辨識程式！

精選影像辨識程式範例，
讓你快速具備實務工作的能力！

- 本書以車牌辨識的過程為例，使用傳統的 OCR 技術完成影像辨識
- 每個章節都有完整可執行的 C# 程式專案，也有每一步驟的詳細說明
- 讀者可透過本書的學習，充分掌握影像辨識實作所需的關鍵技巧

作　　　者：張逸中、李美億
編　　　輯：賴彥穎、珍妮佛

董　事　長：曾梓翔
總　編　輯：陳錦輝

出　　　版：博碩文化股份有限公司
地　　　址：221新北市汐止區新台五路一段112號10樓A棟
　　　　　　電話 (02) 2696-2869　傳真 (02) 2696-2867

發　　　行：博碩文化股份有限公司
郵撥帳號：17484299
戶　　　名：博碩文化股份有限公司
博碩網站：http://www.drmaster.com.tw
讀者服務信箱：dr26962869@gmail.com
訂購服務專線：(02) 2696-2869 分機 238、519
（週一至週五 09:30～12:00；13:30～17:00）

版　　　次：2025年6月三版一刷

博碩書號：MM22501
建議零售價：新台幣 500 元
Ｉ Ｓ Ｂ Ｎ：978-626-414-232-8
律師顧問：鳴權法律事務所 陳曉鳴 律師

國家圖書館出版品預行編目資料

影像辨識實務應用：使用C#/張逸中, 李美億著. --
三版. -- 新北市：博碩文化股份有限公司, 2025.06
　面；　公分

ISBN 978-626-414-232-8（平裝）

1.CST: C#（電腦程式語言）2.CST: 人工智慧
3.CST: 影像處理

312.32C　　　　　　　　　　　　　114007311

Printed in Taiwan

歡迎團體訂購，另有優惠，請洽服務專線
博碩粉絲團　(02) 2696-2869 分機 238、519

商標聲明

本書中所引用之商標、產品名稱分屬各公司所有，本書引用
純屬介紹之用，並無任何侵害之意。

有限擔保責任聲明

雖然作者與出版社已全力編輯與製作本書，唯不擔保本書及
其所附媒體無任何瑕疵；亦不為使用本書而引起之衍生利益
損失或意外損毀之損失擔保責任。即使本公司先前已被告知
前述損毀之發生。本公司依本書所負之責任，僅限於台端對
本書所付之實際價款。

著作權聲明

本書著作權為作者所有，並受國際著作權法保護，未經授權
任意拷貝、引用、翻印，均屬違法。

前言

　　影像辨識，隨著數位影像的品質與電腦運算效能的提升，近年在各領域的應用已呈現爆炸性的成長，未來十年也必定是高科技研發的重點。相關的技術研究也蓬勃發展之中，大家耳熟能詳的就有：機器學習、深度學習、OpenCV、CNN 與 Yolo 等等。

　　然而，**多數影像辨識的應用都需要極高的辨識率**，譬如車牌辨識、證件辨識或生產線上的品管辨識等等。任何技術如果無法達到 98% 以上的辨識正確率，其實就沒有太多實用價值。對於這些應用領域，基於**資料解析**思維所建立的傳統影像辨識演算法，絕對是比機器學習等基於**機率統計學**的演算法更具優勢的！

　　本人創立的逸中軟體設計公司就是使用**傳統的影像辨識演算法**為基礎，開發出高品質的暢銷車牌辨識軟體，同時也承接各式影像辨識專案的研發，包括：閱卷程式、證件辨識、貨櫃碼辨識、實驗標本裂變辨識、數位燈號辨識、條碼指向辨識，乃至動態的人流與車流辨識等，皆獲得業界好評。

　　以個人學習影像辨識到進行實務開發的經驗，發現多數傳統影像辨識書籍多半只做到理論敘述，實作範例與過程內容極為匱乏，導致面對實務問題時，讀者總是缺少最後一哩路的專業指引，無法依據所學理論與問題特性自行開發辨識高效率核心，只能被迫使用一些難以精確操控的影像辨識模組，導致事倍功半。

　　基於回饋社會的理想，本書將以車牌辨識的過程為例，具體介紹如何使用傳統的 OCR 技術，完成影像辨識的所有實作過程。主要目的是讓讀者都能充分掌握影像辨識實作所需的關鍵技巧，能自力完成本身所需的影像辨識目標，完全不必使用自己也不知內涵意義的任何黑盒子程式模組。也希望大家知道：**傳統的影像辨識技術並未過時**，在機器學習與深度學習的熱潮中，其實你還有另一種更好的影像辨識選擇。

本書每一章都有完整可執行的 C# 程式專案，也有每一步驟的詳細說明。本書並不著重在影像辨識理論或技術方法的完整性，程式內容也不完全代表本公司產品的最高效能核心技術，但是只要能仔細閱讀實作並充分理解，必能廣泛快速應用於你的大多數影像辨識需求。協助**讀者快速具備可以實作影像辨識工作的能力**，才是本書最重要的目的。

目錄

Chapter 01　影像辨識簡介

1-1　我認為的影像辨識是… 1-2
1-2　影像辨識的過程—以車牌辨識為例 1-3
1-3　簡化影像 1-5
1-4　正規化目標影像 1-7
1-5　字模比對確認資料 1-8
1-6　目標辨識只是影像辨識的一種 1-8
1-7　眼見為憑，看到過程很重要 1-9

Chapter 02　數位影像的拆解與顯示

2-0　本書程式使用 Visual Studio 2019 軟體製作 2-2
2-1　拆解數位影像的 RGB 資訊 2-2
2-2　繪製 RGB 代表的灰階資訊 2-6
2-3　繪製二值化圖 2-11
2-4　繪製負片 2-12
2-5　儲存處理過程的影像 2-13
2-6　車牌辨識不是你想的那麼簡單 2-14

Chapter 03　目標二值化與輪廓化

3-1　目標切割是目的，二值化與輪廓化是手段 3-2
3-2　建立區塊亮度平均值作為二值化門檻 3-3
3-3　二值化處理 3-5
3-4　輪廓化處理 3-6

3-5 用氾濫式演算法檢視封閉曲線 3-8

3-6 本節相關議題討論 3-10

Chapter 04　目標物件的建立與篩選

4-1 目標物件定義 4-2

4-2 二值化與輪廓化的功能整併 4-4

4-3 建立目標物件 4-7

4-4 依據寬高篩選目標物件 4-11

4-5 依據目標與背景的亮度對比篩選 4-12

4-6 檢視目標屬性 4-14

4-7 建立目標物件是必要的里程碑 4-16

Chapter 05　如何找出字元目標群組

5-1 準備工作與介紹 5-2

5-2 整合後的 Outline 功能 5-3

5-3 整合後的 Targets 功能 5-4

5-4 搜尋最佳目標群組 5-7

Chapter 06　字模製作與目標比對

6-1 建立車牌字模圖檔 6-2

6-2 字模建立與比對示範的專案 6-4

6-3 用影像載入字模 6-5

6-4 建立字模的二進位檔案 6-8

6-5 以資源檔案方式匯入專案 6-9

6-6 字模比對的示範 6-11

6-7 有關此章內容的討論 6-13

Chapter 07　字元影像目標的正規化

- 7-1　為何需要正規化？ 7-2
- 7-2　建立單一目標之二值化圖 7-6
- 7-3　旋轉目標 7-8
- 7-4　寬高正規化 7-11
- 7-5　完整車牌正規化的呈現 7-12
- 7-6　如何辨識車牌的分隔短線？ 7-15
- 7-7　革命尚未成功，同志仍須努力 7-17

Chapter 08　車牌的字元辨識

- 8-1　匯入字模資料與建立專案 8-2
- 8-2　比對字元目標 8-4
- 8-3　你找到的答案是對的嗎？ 8-8
- 8-4　可以補字嗎？ 8-12
- 8-5　影像辨識不只是辨識「影像」 8-14

Chapter 09　負片與黯淡車牌的辨識

- 9-1　如果你的車牌不是最耀眼的明星怎麼辦？ 9-2
- 9-2　程式架構整理 9-3
- 9-3　如何完成多組車牌辨識的嘗試？ 9-12
- 9-4　負片辨識 9-13

Chapter 10　立體空間斜視影像的處理

- 10-1　光是旋轉與縮放還是不夠的 10-2
- 10-2　上下平移錯位的實驗 10-4
- 10-3　將平移錯位變形處理納入辨識程序 10-6
- 10-4　這一章教我們的事情 10-9

Chapter 11　影像分割可以很簡單

11-1　一個辨識浮萍面積的案例 11-2

11-2　辨識浮萍目標 11-4

11-3　辨識水面邊界 11-5

11-4　建立邊界計算浮萍面積 11-8

11-5　其他影像辨識書沒說的重點 11-10

Chapter 12　挑戰蝕刻與浮雕字元的辨識

12-1　如果目標與背景根本是同色怎麼辨識？ 12-2

12-2　這是一個微分影像 12-4

12-3　鎖定字元列的上下邊界 12-6

12-4　二值化 12-8

12-5　建立目標物件 12-10

12-6　融合與分割目標 12-12

12-7　正規化目標大小 12-15

Chapter 13　動態影像辨識的基本動作

13-1　如何從動態串流影像中取得可辨識的靜態影像？ 13-2

13-2　製作出一個半透明的辨識區域設定框 13-3

13-3　拷貝螢幕的程式 13-6

13-4　動態偵測的程式 13-7

13-5　後記 13-11

01
CHAPTER

影像辨識簡介

CHECK POINT

1-1 我認為的影像辨識是…
1-2 影像辨識的過程—以車牌辨識為例
1-3 簡化影像
1-4 正規化目標影像
1-5 字模比對確認資料
1-6 目標辨識只是影像辨識的一種
1-7 眼見為憑,看到過程很重要

1-1 我認為的影像辨識是…

影像辨識最簡單的定義就是：「**從影像中找到我們需要的資訊**」！由於多數動物都很依賴視覺提供周遭環境的資訊，經過幾億年的演化，應該都已「**內建**」有非常智慧高效率的影像辨識「**演算法**」，隨時都在我們的大腦中運作！目前所有的影像辨識專家都還無法完全理解這些演算法的精確邏輯，如果可以！我們就能按照藍圖寫出跟人類的視覺能力完全一樣的影像辨識軟體了！

在個人的理念上，影像辨識應該是**對於人腦視覺演算法的一個逆向工程**！事實上較早期的影像科學研究也多以人眼及大腦為師，很多有關顏色亮度的數學模式都以人眼的感知程度為依據，譬如明度、彩度與亮度等等。但是當我們開始使用電子元件取得數位化影像之後，RGB 三原色就變成資料型態的主流，也讓影像辨識的研究慢慢偏離以人腦視覺為師的方向，所有實作方法都受到數位資料形態的引導與限制了！

我認為，即使人類在近幾百年的科學研究上有很好的成就，可以運用很多數學方法，做出**類似**人類視覺判斷的影像辨識結果。但是面對來自自然環境中的影像，我不覺得以純數學角度研究所得的影像辨識演算法，其辨識能力與效率，可以超越數億年演化形成的生物視覺演算法！本公司研發的影像辨識產品，辨識能力與速度都獲得好評，基本上都是來自**模仿人的視覺認知過程**所得到的成果。

但與此同時，目前影像辨識的主流技術方向已偏向機器學習與深度學習，就是相信以數學或統計方式可以製作出等同，或超越人眼視覺能力的影像辨識軟體！其理念就是相信：從人類數百年來發明的數學方法組合之中，應該可以讓電腦自行學習並「**演化**」出超越數億年生物演化出來的視覺演算法！

目前機器學習或深度學習宣稱的目標尚未達成，個人認為：放棄對於基礎科學的研究，寄望電腦的自行演化可以達到(或超越)人類智慧的程度，是不切實際的想法。所以包括本書在內，我的所有研發產品都未曾使用過任何機器學習或深度學習的方法與概念。對於不知而行的統計學模式的研究方式，我們會盡量避免使用。

我想證明的是：**基於模仿人眼視覺認知過程設計演算法，就可以完成大多數影像辨識應用軟體的研發製作**。根據已知事實建立出明確的演算法，其實才是傳統科學的精髓。事實上也一定會比寄望於以嘗試錯誤為基礎的機器學習或深度學習，更快達到高辨識率，讓影像辨識普及於各個事業領域的目標！

本書雖然提供非常完整的程式範例，但請不要誤以為可以直接套用到其他問題或類似影像上，就能「無入而不自得」！我們製作的高辨識的商業化軟體規模都大於這些範例十倍以上！因為真實的影像辨識例外狀況極多，那些由「經驗值」累積產生的程式碼並不困難，但是需要你能充分理解每一個辨識的步驟，分析每個案例錯誤的原因，才能見招拆招建構出高辨識率的軟體。所以每一範例與步驟「**為何要如此做？**」的理解比「**怎麼實作？**」更為重要！ 如果你只是想找影像辨識的「公式」或「模組」？就不必購買本書了！你應該會失望的。

總之，本書完全不會有機器學習或深度學習的相關內容，也不會使用 OpenCV 或 Yolo 等流行的影像辨識工具模組。只會包含傳統的影像辨識方法實作，以及模擬視覺過程設計的一些自有演算法。只要有 Windows 作業系統的電腦，下載免費的 Visual Studio 軟體，有基礎的 C#程式設計能力，具有高中程度的數學能力，就可以輕鬆閱讀本書，學會實作影像辨識。

1-2 影像辨識的過程—以車牌辨識為例

影像辨識就是從影像中獲得我們所需要的資訊，如下照片中，有車子、浪板、收費機、與斑駁的路面。但我們想辨識出來的，只是其中的一個車牌號碼！如何用數學方法寫出程式逐步完成資料擷取的工作，最終得到「**EZ-9528**」這個文字模式的答案，就是影像辨識必須完成的工作。

EZ-9528 這個字串之所以對我們有意義，是因為我們腦中已經有這些字元的模型，與其所代表的文字意義。我們其實是以大腦中既有的認知，去比對影像中有沒有符合這些資訊特徵的目標？如果人腦判斷的答案符合電腦處理的結果，就是「**辨識成功**」了！

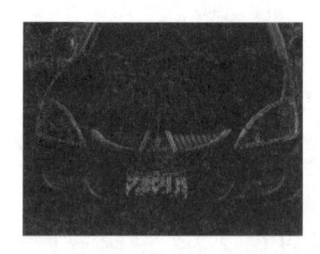

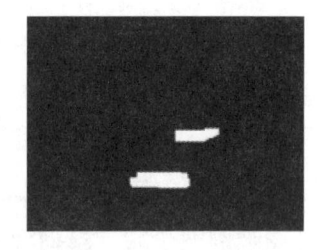

摘自：http://portal.ptivs.ptc.edu.tw/sys/lib/read_attach.php?id=1039

　　目前絕大多數的車牌辨識研究都還是以「**車牌**」作為第一階段的搜尋目標，如上圖就是嘗試在複雜背景中使用車牌的高強度對比，以及車牌是近似「**水平矩形**」的特徵找到車牌位置。但是隨著影像畫素越來越高，背景越來越複雜，加上車牌從側面或高角度拍攝時呈現的形狀**並不是水平矩形**，此類演算法已日漸落伍，傾斜超過 10 度的車牌就無法辨識，很難被百萬畫素時代的新使用者接受。

　　事實上，這種「**找車牌**」的演算法並非典型的 OCR(Optical Character Recognition，光學字元辨識)流程，是受限於早期影像品質與電腦效能較差，迫不得已的選擇。只有這樣才能即時快速找到車牌，速度太慢的車牌辨識演算法是沒有實用價值的！但隨著數位影像品質與電腦效能的大幅躍進，直接以標準 OCR 流程辨識車牌**字元**的演算法，已經可以實用於商業產品了！

　　本公司的各種車牌辨識產品核心就是以此為基礎！你可以預期：本書內容將與你之前看過的所有車牌辨識演算法公開文獻都明顯不同！基本上就可以克服辨識傾斜車牌的這個大難題，傾斜二三十度應該都沒問題，而且演算速度並不會因此變得太慢，保持高效率的演算效能也是本書內容的重點之一。

1-3 簡化影像

　　我們要找的車牌目標只是原始影像中的一小部分，任何生物的眼睛，包括我們現在使用的攝影機，在取得影像之前都不確定目標在哪裡？甚至沒有預期要看甚麼東西！所以都是以自身俱備的感光能力盡量收集最多的資訊。因此，原始影像通常都是**資訊過量**的狀態，我們作影像辨識最困難的問題，其實就是如何簡化影像資訊？

　　人眼通常都能很快在視野中找到我們想找的目標，但是誰都說不清楚詳細的過程，為什麼影像中的東西那麼多，我們卻馬上就能鎖定那個車牌？這就是影像辨識需要研究的重點了！我們必須設計出**簡化資訊，聚焦於目標**的演算法，還要減少運算量，讓它們很快完成，如果電腦找到車牌的時間比人的反應還慢，影像辨識產品的價值就不高了！

　　在此，我們首先會從 RGB 三原色中選取一種對於辨識預期目標最有利的灰階亮度，譬如自然光中綠光對於整體亮度的代表性最高，所以一般車牌辨識可以直接選擇綠光，拋棄紅與藍光來做辨識，也可以計算出 RGB 的整體亮度，總之就是將 RGB 三個陣列，簡化成一個陣列作為後續運算的基礎。

　　因為在此例中我們要找的是字元，特性是獨立塊狀的目標，所以接下來是進一步簡化影像成為黑白圖，希望要找的字元可以被獨立切割出來，字元是全黑的，字元背景是全白的，這就是所謂的二值化過程。

再來是畫出它們的輪廓線，以驗證這些黑色塊狀目標的大小形狀像不像我們要找的字元目標？就是用演算法找出所有**封閉曲線**，曲線範圍太大或太小的就忽略掉的意思。這好像很複雜？但不必擔心，只要有適當的演算法，就可以像吹掉灰塵一樣，很快清理出可能的目標。

在此必須強調的是：**簡化資訊的過程不是可以輕易封裝固定的**！每一個簡化程序都會影響到能否成功辨識到我們需要的目標，必須有針對性的設計，譬如用綠光做辨識時，會造成綠色車牌的工程車辨識較差，綠光用在地磅站的車牌辨識系統就會變成劣質產品，改成紅光辨識就會特別靈敏準確，但是碰到紅字的計程車又看不清楚了！

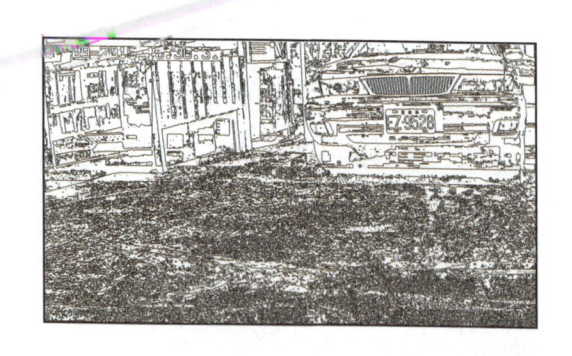

多數影像辨識初學者都很害怕這一階段涉及的複雜條件與數學邏輯，寄望有神奇的黑盒子可以直接提供篩選後的合格目標，也因此會有 YOLO 之類的演算模組興起，但是如果想做出針對特定目標最佳化的辨識產品，就絕對不能依賴這類演算模組！其實**不會有任何模組可以提供適合所有辨識目的的資訊簡化結果**。

想像一下，我們用眼睛找東西時不是也會有「**預設立場**」嗎？因為這樣才會有效率！找計程車時，你會注意到眼前黑色的賓士車嗎？一定是對黃色的大目標才有反應！找不同的目標當然會有不同的**過濾器**，即使你用 YOLO 這類工具模組，也必須正確且精確的操控它，才會有好的效果，任何影像辨識的研發應該都是針對目標設計，沒有捷徑的！

無可避免的，任何簡化影像擷取特徵的演算法，包括本書使用的方法，其實都會減損事實真相。重點是在這些簡化資訊擷取特徵的過程中，我們是不是始終能充分掌握我們最終的辨識目的？不讓這些過程減損我們最終辨識成功需要的關鍵資訊？這是**物理**的問題，不是**數學**的問題，**數學方法**始終不應該**凌駕物理**事實，這是本書的核心理念。

1-4 正規化目標影像

當人眼在辨識字元的時候，就是拿大腦中記得的字型去比對，所以我們寫程式時也一定會先建立這種資訊。就是字型的資料庫，裡面會有每一個字的標準大小圖形。但是我們從原始影像中找到的字元目標，不會剛好與我們事先建立好的字模圖形一樣大，還可能會有傾斜與變形。所以必須有個正規化的過程，以車牌辨識來說，就是將從原圖切割的字元影像，經過幾何計算縮放變形到與標準的字元模型完全一樣大小！

因為我們知道真正的實體車牌與字元邊界框線一定是矩形的，雖然在立體空間中車牌與字元影像會因為拍攝角度而變形，只要將此任意四邊形投影到與車牌或字元模型一樣的直角矩形即可。要理解這部分的演算法，需要一些高中程度的幾何學，也就是本書中會用到最深奧的數學概念了！所以讀者不必擔心自己的數學不夠好而很難閱讀本書。

1-5 字模比對確認資料

　　完成上述步驟，接下來就可以用個別的字元模型去比對出車牌內容是哪幾個字了！一旦確認是哪些字，影像資訊就正式變成文字資訊了！以車牌辨識來說，這些文字資訊就可以與車牌資料庫比對，做很多的後續應用。譬如確認為可以開柵欄通行的白名單，或必須攔截查緝的黑名單等等。

　　一般來說，在辨識流程中「找字」是主要的難事，「認字」則是簡單的工作。但是通常必須引進很多「**影像之外**」的資訊與邊界條件，來對你找出的答案做檢驗。譬如在台灣不會有「EZ-952**B**」這種車牌，考量真實世界的物理或法規限制，你可以直接認定那個 B 一定是 8 的誤認，必須將答案改成「EZ-9528」。

　　我常說：「影像辨識不只是辨識影像！」我們的目的是**辨識出合理有意義的答案**供使用者應用，通常被辨識的目標都會受到一些既定的規則限制，當辨識結果與這些非影像的條件衝突時，我們必須用程式做合理的評估判斷，甚至修改！這不是作弊！因為那些規則比經過拍攝過程被扭曲改變的影像更「**真實**」！如上例如果你堅持「EZ-952B」的「誠實」辨識結果，才是違背影像辨識目的的錯誤決定。

1-6 目標辨識只是影像辨識的一種

　　以上的影像辨識程序基本上是遵循傳統 OCR 的程序，它們通常是指文件影像上的字元辨識，但車牌也是字元組成，算是廣義 OCR 的一種。那是不是所有的影像辨識都必須照這個程序進行呢？絕對不是的！譬如指紋辨識就不切割出上圖中曲折交錯的線狀目標，對於辨識是誰的指紋幫助不大？因為肉是軟的，那些線條很容易會在壓指紋時略微移位，差一點點就會對不準模型影像了！通常的作法是找出這些

線條的**分岔點**，然後依據這些點的分布型態做分類，建立個人的特徵值，作為最後目標比對的依據。所以資訊簡化的方向就不是找到塊狀的目標，也不是線狀目標，而是**分岔點**的**位置、種類與分布**！使用的辨識程序當然會不同！

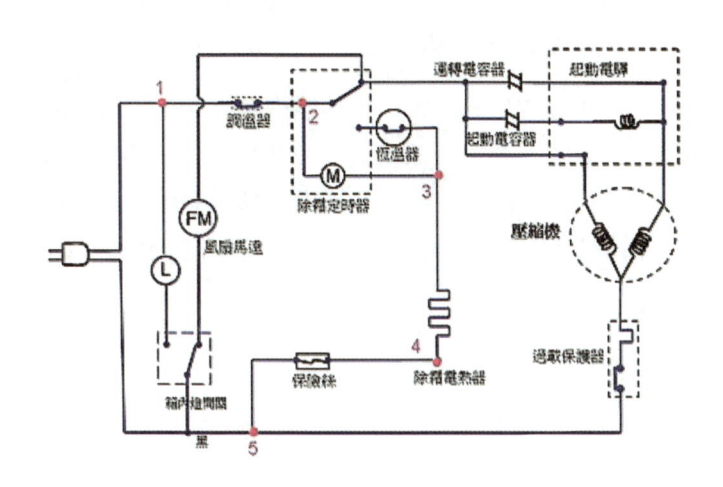

又如上面的電路圖，如果要辨識出其中的電子元件，因為全圖元件都是**相連**的，你根本無法以 OCR 的概念切出**獨立**的元件目標！必須發展出其他的程序才能抽離元件。所以影像辨識的流程不會是通用的！必須依據目標特性與辨識目的做針對性的設計，本書限於篇幅，只會介紹以 OCR 為基礎的最常見程序，但影像辨識的學問絕對不止於此！

1-7 眼見為憑，看到過程很重要

本書除了介紹可用的影像辨識方法實作，也非常注重讓讀者充分理解每一個辨識處理的過程與意義。一般專業等級的電腦書籍普遍有兩個缺點：第一是**缺少完整的程式範例**，讀者很難自行拼湊出專家級的完整程式，常常因為一個小細節卡關就無法完整實作，只能放棄繼續鑽研。所以本書強調每一章節介紹之功能都有完整的專案程式碼,你絕對可以完整複製做出書中介紹的所有動作。

第二是複雜的程式流程即使可以實作,但是很多過程細節**沒有足夠的說明**或圖示,較抽象的程序,對於讀者來說還是一個黑盒子!這一點我們會盡量在範例專案中,使用影像或文字介面顯示所有**過程資料**,讓讀者可以充分追蹤理解每一個辨識過程,以及每一個影像角落裡發生的事情。

如果我們的程式專案提供的分析影像功能還是不夠,我們會讓每一處理過程的影像都可以逕行輸出為檔案,讓讀者可以使用其他專業的影像處理軟體,譬如 PhotoShop 進行更多的細節檢視、分析或實驗。事實上,這就是我們公司團隊日常研究影像辨識的方式!希望本書讀者都能享受到跟我們一樣愉快的影像辨識工作經驗。

02
CHAPTER

數位影像的拆解與顯示

CHECK POINT

2-0　本書程式使用Visual Studio 2019軟體製作

2-1　拆解數位影像的RGB資訊

2-2　繪製RGB代表的灰階資訊

2-3　繪製二值化圖

2-4　繪製負片

2-5　儲存處理過程的影像

2-6　車牌辨識不是你想的那麼簡單

2-0 本書程式使用 Visual Studio 2019 軟體製作

本書的每一章都會有完整的 C#程式範例。雖然本公司各種影像辨識產品，都是以 VB 程式開發，但為了配合多數影像辨識領域之使用語言，本書是以 C# 語言進行實作示範。事實上影像辨識的核心技術在於**演算法**，任何數學其實都可以用任何程式語言實作，而且在 Windows 作業系統下，不論是 VB，C#或 C++語言皆奠基於同一.NET 函式庫，所以執行效能是完全一樣的！本書也會提供兩種程式語言專案的下載服務。

建立 C#專案類型時的選擇應該如下圖所示：

有關設計軟體的相容性問題方面，因為本書程式範例都只包含基本的程式物件與演算法內容，使用的程式設計軟體版本影響極微，基本上 Visual Studio 2010 之後的版本皆可通用，如果您已有舊版軟體不必刻意改用較新的版本。

2-1 拆解數位影像的 RGB 資訊

現在多數的數位影像是由 RGB，也就是紅綠藍，三原色的三個陣列組合而成，各種影像格式的差異只是壓縮的方式不同，附加資訊會以不同的欄位寫在檔頭。檔案格式的差異不是本書的重點，在此我們是用.NET 函式庫的指令將它們讀入程式，成為 Bitmap 物件，也就是解碼成為可用程式操作的影像資料物件。

雖然 Bitmap 的本質就是數值陣列，但影像物件為了配合電腦顯示方便，封裝了很多額外的功能與資料，反而讓我們的影像處理操作不便，用預設的程式指令讀出(GetPixel)或寫入(SetPixel)畫素資料時還特別的慢！所以要有專業級的影像存取速度，就必須使用記憶體直接存取的技巧，我們將幾個為此目的設計的副程式彙整到一個名為 FastPixel 的 C#類別之中。

這個類別的概念是暫時在記憶體中鎖定 Bitmap 物件，將其畫素資料用記憶體直接讀寫的方式操作，讀出時就是將原始的一維記憶體資料陣列讀到 RGB 三個二維陣列，寫入時則是反向將 RGB 矩陣資料按照記憶體指標推算位置寫回記憶體，完成操作解除 Bitmap 物件的記憶體鎖定之後，就再度可以用一般的程式操作整個 Bitmap 物件了！

請建立一個 C#視窗程式專案，並在專案中新增一個命名為 FastPixel 的類別，開始建立此類別的內容，首先是鎖定與解除鎖定 Bitmap 物件的程式碼如下：

```csharp
public int nx, ny; //影像寬與高
public byte[,] Rv, Gv, Bv; //Red, Green & Blue 陣列
byte[] rgb; //影像的可存取副本資料陣列
System.Drawing.Imaging.BitmapData D; //影像資料
IntPtr ptr; //影像資料所在的記憶體指標(位置)
int n, L, nB; //影像總位元組數，單行位元組數，單點位元組數

//鎖定點陣圖(Bitmap)物件的記憶體位置，建立一個可操作的為元組陣列副本
private void LockBMP(Bitmap bmp)
{
    //矩形物件，定義影像範圍
    Rectangle rect = new Rectangle(0, 0, bmp.Width, bmp.Height);
    //鎖定影像區記憶體(暫時不接受作業系統的移動)
    D = bmp.LockBits(rect, Imaging.ImageLockMode.ReadWrite, bmp.PixelFormat);
    ptr = D.Scan0; //影像區塊的記憶體指標
    L = D.Stride; //每一影像列的長度(bytes)
    nB = (int)Math.Floor((double)L / (double)bmp.Width); //每一像素的位元組數(3 或 4)
    n = L * bmp.Height; //影像總位元組數
    rgb = new byte[n]; //宣告影像副本資料陣列
    //拷貝點陣圖資料到副本陣列
    System.Runtime.InteropServices.Marshal.Copy(ptr, rgb, 0, n);
```

```
}
//複製位元組陣列副本的處理結果到 Bitmap 物件,並解除其記憶體鎖定
private void UnLockBMP(Bitmap bmp)
{
    //拷貝副本陣列到點陣圖位置
    System.Runtime.InteropServices.Marshal.Copy(rgb, 0, ptr, n);
    bmp.UnlockBits(D); //解除鎖定
}
```

當我們要將某影像的 RGB 資料取出時,公開變數 nx 與 ny 代表該影像的寬與高,Rv 代表其紅光陣列,Gv 代表綠光,Bv 代表藍光,這是本書建立的習慣,不是系統的限制。取出 RGB 時的 Sub 副程式如下:

```
//取得 RGB 陣列
public void Bmp2RGB(Bitmap bmp)
{
    nx = bmp.Width; ny = bmp.Height; //影像寬高
    Rv = new byte[nx, ny]; Gv = new byte[nx, ny]; Bv = new byte[nx, ny]; //RGB
    LockBMP(bmp);
    for (int j = 0; j < ny; j++)
    {
        int Lj = j * D.Stride;
        for (int i = 0; i < nx; i++)
        {
            int k = Lj + i * nB;
            Rv[i, j] = rgb[k + 2]; //Red
            Gv[i, j] = rgb[k + 1]; //Green
            Bv[i, j] = rgb[k];     //Blue
        }
    }
    UnLockBMP(bmp);
}
```

在資料處理實驗過程中,我們常常需要依據陣列資料繪製出灰階圖與二值化的黑白圖,因此以下兩個 Class 也是常常用到的。繪製灰階時就是饋入一個值域分布為 0-255 的二維陣列,0 是最黑,255 最白。繪製二值化圖時,則饋入值域為 0 或 1 的陣列,0 代表白色背景,1 代表黑色目標。繪製完畢就回傳一個可以顯示或儲存的 Bitmap 物件!

```
//灰階圖
public Bitmap GrayImg(byte[,] b)
{
    Bitmap bmp = new Bitmap(b.GetLength(0), b.GetLength(1));
```

```
        LockBMP(bmp);
        for (int j = 0; j < b.GetLength(1); j++)
        {
            for (int i = 0; i < b.GetLength(0); i++)
            {
                int k = j * L + i * nB;
                byte c = b[i, j];
                rgb[k] = c; rgb[k + 1] = c; rgb[k + 2] = c; //RGB一致
                rgb[k + 3] = 255; //實心不透明
            }
        }
        UnLockBMP(bmp);
        return bmp;
    }
    //黑白圖
    public Bitmap BWImg(byte[,] b)
    {
        Bitmap bmp = new Bitmap(b.GetLength(0), b.GetLength(1));
        LockBMP(bmp);
        for (int j = 0; j < b.GetLength(1); j++)
        {
            for (int i = 0; i < b.GetLength(0); i++)
            {
                int k = j * L + i * nB;
                if (b[i, j] == 1)
                {
                    rgb[k] = 0; rgb[k + 1] = 0; rgb[k + 2] = 0; //黑
                }
                else
                {
                    rgb[k] = 255; rgb[k + 1] = 255; rgb[k + 2] = 255; //白
                }
                rgb[k + 3] = 255;
            }
        }
        UnLockBMP(bmp);
        return bmp;
    }
```

2-2 繪製 RGB 代表的灰階資訊

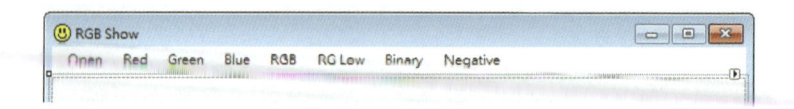

接下來請在主表單上建立一個 MenuStrip1 主功能表，分別製作 Open, Red, Green, Blue, RGB, RG Low, Binary 與 Negative 等幾個按鍵。新增一個 pictureBox1 物件準備顯示影像，建議 SizeMode 屬性設定為 AutoSize，讓影像框可以自行隨影像實際大小縮放，再加入一個 OpenFileDialog1 物件用於選取輸入影像檔案。請在 Open 按鍵中寫程式如下，即可讀取原始影像顯示並將 RGB 資訊分別載入 Rv, Gv 與 Bv 陣列。

```
FastPixel f = new FastPixel(); //宣告快速繪圖物件
//開啟檔案
private void OpenToolStripMenuItem_Click(object sender, EventArgs e)
{
    if (OpenFileDialog1.ShowDialog() == DialogResult.OK)
    {
        Bitmap bmp = new Bitmap(OpenFileDialog1.FileName);
        f.Bmp2RGB(bmp); //讀取 RGB 亮度陣列
        PictureBox1.Image = bmp;
    }
}
```

接著寫入 Red, Green 與 Blue 三個按鍵的程式如下：

```
//以紅光為灰階
private void RedToolStripMenuItem_Click(object sender, EventArgs e)
{
    PictureBox1.Image = f.GrayImg(f.Rv);
}
//以綠光為灰階
private void GreenToolStripMenuItem_Click(object sender, EventArgs e)
{
    PictureBox1.Image = f.GrayImg(f.Gv);
}
//以藍光為灰階
private void BlueToolStripMenuItem_Click(object sender, EventArgs e)
{
    PictureBox1.Image = f.GrayImg(f.Bv);
}
```

分別按下這三個按鍵就可以看到以這三種顏色亮度為基礎產生的灰階圖，因為這是一輛計程車的紅字車牌，使用 RGB 三種顏色作為灰階會有很不一樣的結果，依序分別如下：

可以明顯看出：以紅光為基礎的灰階會讓字元很不清楚！原因是紅字本身的紅光亮度已經很強，車牌背景的白色其實也是極亮的 RGB 三色光所組成，所以字元與其背景的亮度差異很小，字元就看不清楚了！相對的，取綠光時，紅字目標的綠光極弱就會變成黑色了，藍光狀況相似，都可以讓字元比較清晰。那是不是應該選用綠光或藍光為辨識車牌的基礎呢？請看碰到下面綠字車牌工程車的狀況再說。

2-8

很明顯的，此例中使用紅光的灰階對比會比綠光好很多！即使車牌狀況很糟，至少目視還是可以辨識出車牌，使用綠或藍光則最後一字的 R 幾乎不可能辨識成功！這兩個計程車與工程車的例子可以充分讓我們體會到：如何從 RGB 全彩將顏色資訊簡化到灰階的最佳方式，針對不同的目標，作法可能完全不同！

但是台灣的車牌就是有紅綠這兩種極端的顏色，如果我們不想辨識兩次，能否有兩全其美的灰階選擇方式呢？較簡單的想法是將三原色平均(或組合)作成灰階，這可以避免較極端的狀況，但紅或綠字的整體對比度其實是下降的！但 RGB 的組合演算法不是只有一種，我們也可以**在不同的點選擇使用不同的顏色作成灰階圖**。譬如顏色偏紅的點就刻意選用該點較弱的綠光，顏色偏綠的點就選用該點較暗的紅光，那**不管紅字或綠字都可以變得更黑了**！

在此同時，字元背景的白色，因為紅綠光本來都很強，即使選擇較暗的色光還是會形成很亮的灰階，不會影響字元與背景的對比度太多。這是我們製作台灣車牌辨識軟體獲得的經驗之一，重點是要讓大家了解：我們必須好好研究，如何製作出最佳目標對比度的灰階圖，只要灰階圖針對辨識目標的對比度高，後續的辨識成功率自然會提高。

下面是 RGB 按鍵與 RG Low 按鍵的程式碼，分別代表上述兩種混和式的灰階製作過程：

```
//以 RGB 整合亮度為灰階
private void RGBToolStripMenuItem_Click(object sender, EventArgs e)
{
    byte[,] A = new byte[f.nx, f.ny];
    for (int j = 0; j < f.ny; j++)
    {
        for (int i = 0; i < f.nx; i++)
        {
            byte gray = (byte)(f.Rv[i, j] * 0.299 + f.Gv[i, j] * 0.587 + f.Bv[i, j] * 0.114);
            A[i, j] = gray;
        }
    }
    PictureBox1.Image = f.GrayImg(A);
}
//選擇紅綠光之較暗亮度為灰階
```

```
private void RGLowToolStripMenuItem_Click(object sender, EventArgs e)
{
    byte[,] A = new byte[f.nx, f.ny];
    for (int j = 0; j < f.ny; j++)
    {
        for (int i = 0; i < f.nx; i++)
        {
            if (f.Rv[i, j] > f.Gv[i, j])
            {
                A[i, j] = f.Gv[i, j];
            }
            else
            {
                A[i, j] = f.Rv[i, j];
            }
        }
    }
    PictureBox1.Image = f.GrayImg(A);
}
```

為何在此將藍光忽略？只針對紅綠光作處理呢？我們可以看到上面程式中的 RGB 轉灰階的運算式中，藍光的比重只有 0.114，對於整體的亮度代表性最低，這是科學實驗出來的結果。在實務上，我們也發現，任何時候用藍光與綠光作處理效果都很接近，當然就不必太在意藍光了，台灣車牌甚至完全沒有用到藍色！我們可以看看這兩種灰階演算法對於計程車與工程車車牌的對比度差異，都是先用平均亮度，後用選色方式：

可以明顯看出，後者增強車牌字元對比的效果好多了！在此也可以知道，當我們希望能增強待辨識目標的對比度時，不是一定要用甚麼銳利化之類的**數位濾波**演算法。事實上，所有影像增強的數位濾波式演算法都會有空間扭曲的副作用，常常導致字元意外變得破碎或沾連，如果可以在灰階產生的方式上著手，應該是更好的**影像增強**選擇。

2-3 繪製二值化圖

下面是 Binary 按鍵的程式碼，所謂二值化就是依據灰階的各點亮度決定他們是「**目標**」或「**背景**」，目標通常畫成純黑色，背景則保持空白。如何決定黑白？是影像辨識過程中的關鍵工作！尤其是目標不清楚的時候！我們會在下一章詳細介紹如何作出較聰明的二值化過程，在此則只是直接將亮度區間在 0-255 之間的綠光以 128 的亮度一分為二而已，多數時候如果車牌黑白分明非常清晰，這也是行得通的！

```
//二值化
private void BinaryToolStripMenuItem_Click(object sender, EventArgs e)
{
    byte[,] A = new byte[f.nx, f.ny];
    for (int j = 0; j < f.ny; j++)
    {
        for (int i = 0; i < f.nx; i++)
        {
            if (f.Gv[i, j] < 128)
            {
                A[i, j] = 1;
```

```
            }
        }
    }
    PictureBox1.Image = f.BWImg(A);
}
```

2-4 繪製負片

　　大部分的車牌字元背景都是白色，相對來說字元都是較深的顏色，我們的演算法也習慣以黑色當作目標，白色當作背景。但是車牌也有白色字元的狀況，譬如工程車多半是綠底白字，遊覽車是紅底白字，550cc 以上的重機也是紅底白字。碰到這種狀況最簡單的處理方式是做**負片**的辨識，只要**翻轉灰階**之後就可以繼續使用一般的演算流程做辨識了！下面是 Negative 按鍵的程式碼，直接將綠光以負片方式顯示：

```
//負片
private void NegativeToolStripMenuItem_Click(object sender, EventArgs e)
{
    byte[,] A = new byte[f.nx, f.ny];
    for (int j = 0; j < f.ny; j++)
    {
        for (int i = 0; i < f.nx; i++)
        {
            A[i, j] = (byte)(255 - f.Gv[i, j]);
        }
    }
    PictureBox1.Image = f.GrayImg(A);
}
```

使用這個功能就可以將如下的工程車車牌做成可以後續處理的灰階影像，車牌字元變成黑色了！

2-5 儲存處理過程的影像

相信作到這裡，你可能會有點想將某些過程圖放大來研究，或者將不同的過程圖並排放在一起做比較，我們的範例程式當然無法也不必作到像影像處理軟體一樣完備，只要處理過程的圖可以輸出為檔案就好了！你可以替專案加入一個 ContextMenuStrip1 功能表，將他附加於 pictureBox1 物件，寫入一個 Save Image 的功能，程式碼如下：

```
//儲存現狀影像
private void SaveImageToolStripMenuItem_Click(object sender, EventArgs e)
{
    if (SaveFileDialog1.ShowDialog() == DialogResult.OK)
    {
        PictureBox1.Image.Save(SaveFileDialog1.FileName);
    }
}
```

以後要任何時候顯示的畫面，只要按滑鼠右鍵即可，執行畫面如右圖：

2-13

2-6 車牌辨識不是你想的那麼簡單

　　一個商業化的車牌辨識核心，必須能辨識所有種類的車牌，所以不可避免的，我們必須對正負片都做辨識，才能不遺漏白字的車牌，這是一個潛在的沉重負擔，會讓辨識時間拉長為幾乎兩倍！一般的作法如果只是單一車牌的辨識，就先作正片辨識，如果已有可靠的車牌答案，就不做負片辨識了！但如果是一張影像上可能有多個車牌，且要求全部都要辨識出來，那就不能如此了！

　　車牌辨識的技術層次差異是很大的！一般停車場內只需要在近距離做理想角度的單車牌辨識，但是在道路情境的街景中，要辨識到所有可見的車牌，難度就很高了！不僅車牌遠近、傾斜與側視角度不一，還包括可能有正負片的車牌。可以想見這種全景辨識需要的運算量與設計難度一定遠高於停車場情境的單車牌辨識。如果還是移動式的全景辨識，譬如裝在車上掃描路邊停車的車載車牌辨識，還需要極高的辨識速度，那就更困難了！

路邊燈桿角度拍攝的影像

車內攝影機掃描路邊停車的影像

　　因此，大家應該跳脫傳統上對於車牌辨識的簡單認知，目前車牌辨識研究的挑戰已經進入如下圖的這些困難狀況，這也是本公司目前核心產品的研究重點。在本書中我們無法深入介紹太多這類進階的技術，但書中介紹的每一步驟，確實都是本公司所有車牌辨識產品的基本動作，值得大家深入閱讀參考。

加油站監視器影像

CHAPTER 02 數位影像的拆解與顯示

完整專案

```csharp
using System;
using System.Drawing;

namespace CsRGBshow
{
    //Fast RGB Processing Class
    class FastPixel
    {
        public int nx, ny; //影像寬與高
        public byte[,] Rv, Gv, Bv; //Red, Green & Blue 陣列
        byte[] rgb; //影像的可存取副本資料陣列
        System.Drawing.Imaging.BitmapData D; //影像資料
        IntPtr ptr; //影像資料所在的記憶體指標(位置)
        int n, L, nB; //影像總位元組數，單行位元組數，單點位元組數

        //鎖定點陣圖(Bitmap)物件的記憶體位置，建立一個可操作的為元組陣列副本
        private void LockBMP(Bitmap bmp)
        {
            Rectangle rect = new Rectangle(0, 0, bmp.Width, bmp.Height);
            //矩形物件，定義影像範圍
            //鎖定影像區記憶體(暫時不接受作業系統的移動)
            D = bmp.LockBits(rect, System.Drawing.Imaging.ImageLockMode.ReadWrite, bmp.PixelFormat);
            ptr = D.Scan0; //影像區塊的記憶體指標
            L = D.Stride; //每一影像列的長度(bytes)
            nB = (int)Math.Floor((double)L / (double)bmp.Width);
            //每一像素的位元組數(3 或 4)
            n = L * bmp.Height; //影像總位元組數
            rgb = new byte[n]; //宣告影像副本資料陣列
            System.Runtime.InteropServices.Marshal.Copy(ptr, rgb, 0, n);
            //拷貝點陣圖資料到副本陣列
        }
        //複製位元組陣列副本的處理結果到 Bitmap 物件，並解除其記憶體鎖定
        private void UnLockBMP(Bitmap bmp)
        {
            System.Runtime.InteropServices.Marshal.Copy(rgb, 0, ptr, n);
            //拷貝副本陣列到點陣圖位置
            bmp.UnlockBits(D); //解除鎖定
        }
        //取得 RGB 陣列
        public void Bmp2RGB(Bitmap bmp)
        {
            nx = bmp.Width; ny = bmp.Height; //影像寬高
            Rv = new byte[nx, ny]; Gv = new byte[nx, ny]; Bv = new byte[nx, ny]; //RGB
            LockBMP(bmp);
            for (int j = 0; j < ny; j++)
```

2-15

```csharp
        {
            int Lj = j * D.Stride;
            for (int i = 0; i < nx; i++)
            {
                int k = Lj + i * nB;
                Rv[i, j] = rgb[k + 2]; //Red
                Gv[i, j] = rgb[k + 1]; //Green
                Bv[i, j] = rgb[k]; //Blue
            }
        }
        UnLockBMP(bmp);
    }
    //灰階圖
    public Bitmap GrayImg(byte[,] b)
    {
        Bitmap bmp = new Bitmap(b.GetLength(0), b.GetLength(1));
        LockBMP(bmp);
        for (int j = 0; j < b.GetLength(1); j++)
        {
            for (int i = 0; i < b.GetLength(0); i++)
            {
                int k = j * L + i * nB;
                byte c = b[i, j];
                rgb[k] = c; rgb[k + 1] = c; rgb[k + 2] = c; //RGB一致
                rgb[k + 3] = 255; //實心不透明
            }
        }
        UnLockBMP(bmp);
        return bmp;
    }
    //黑白圖
    public Bitmap BWImg(byte[,] b)
    {
        Bitmap bmp = new Bitmap(b.GetLength(0), b.GetLength(1));
        LockBMP(bmp);
        for (int j = 0; j < b.GetLength(1); j++)
        {
            for (int i = 0; i < b.GetLength(0); i++)
            {
                int k = j * L + i * nB;
                if (b[i, j] == 1)
                {
                    rgb[k] = 0; rgb[k + 1] = 0; rgb[k + 2] = 0; //黑
                }
                else
                {
                    rgb[k] = 255; rgb[k + 1] = 255; rgb[k + 2] = 255; //白
                }
                rgb[k + 3] = 255;
```

```csharp
                }
            }
            UnLockBMP(bmp);
            return bmp;
        }
    }
}

using System;
using System.Collections.Generic;
using System.ComponentModel;
using System.Data;
using System.Drawing;
using System.Linq;
using System.Text;
using System.Threading.Tasks;
using System.Windows.Forms;

namespace CsRGBshow
{
    public partial class Form1 : Form
    {
        public Form1()
        {
            InitializeComponent();
        }
        FastPixel f = new FastPixel(); //宣告快速繪圖物件

        //開啟檔案
        private void OpenToolStripMenuItem_Click(object sender, EventArgs e)
        {
            if (OpenFileDialog1.ShowDialog() == DialogResult.OK)
            {
                Bitmap bmp = new Bitmap(OpenFileDialog1.FileName);
                f.Bmp2RGB(bmp); //讀取 RGB 亮度陣列
                PictureBox1.Image = bmp;
            }
        }

        //以紅光為灰階
        private void RedToolStripMenuItem_Click(object sender, EventArgs e)
        {
            PictureBox1.Image = f.GrayImg(f.Rv);
        }

        //以綠光為灰階
        private void GreenToolStripMenuItem_Click(object sender, EventArgs e)
        {
            PictureBox1.Image = f.GrayImg(f.Gv);
```

```csharp
}

//以藍光為灰階
private void BlueToolStripMenuItem_Click(object sender, EventArgs e)
{
    PictureBox1.Image = f.GrayImg(f.Bv);
}

//以 RGB 整合亮度為灰階
private void RGBToolStripMenuItem_Click(object sender, EventArgs e)
{
    byte[,] A = new byte[f.nx, f.ny];
    for (int j = 0; j < f.ny; j++)
    {
        for (int i = 0; i < f.nx; i++)
        {
            byte gray = (byte)(f.Rv[i, j] * 0.299 + f.Gv[i, j] * 0.587 + f.Bv[i, j] * 0.114);
            A[i, j] = gray;
        }
    }
    PictureBox1.Image = f.GrayImg(A);
}

//選擇紅綠光之較暗亮度為灰階
private void RGLowToolStripMenuItem_Click(object sender, EventArgs e)
{
    byte[,] A = new byte[f.nx, f.ny];
    for (int j = 0; j < f.ny; j++)
    {
        for (int i = 0; i < f.nx; i++)
        {
            if (f.Rv[i, j] > f.Gv[i, j])
            {
                A[i, j] = f.Gv[i, j];
            }
            else
            {
                A[i, j] = f.Rv[i, j];
            }
        }
    }
    PictureBox1.Image = f.GrayImg(A);
}

//二值化
private void BinaryToolStripMenuItem_Click(object sender, EventArgs e)
{
    byte[,] A = new byte[f.nx, f.ny];
```

```csharp
        for (int j = 0; j < f.ny; j++)
        {
            for (int i = 0; i < f.nx; i++)
            {
                if (f.Gv[i, j] < 128)
                {
                    A[i, j] = 1;
                }
            }
        }
        PictureBox1.Image = f.BWImg(A);
    }

    //負片
    private void NegativeToolStripMenuItem_Click(object sender, EventArgs e)
    {
        byte[,] A = new byte[f.nx, f.ny];
        for (int j = 0; j < f.ny; j++)
        {
            for (int i = 0; i < f.nx; i++)
            {
                A[i, j] = (byte)(255 - f.Gv[i, j]);
            }
        }
        PictureBox1.Image = f.GrayImg(A);
    }

    //儲存現狀影像
    private void SaveImageToolStripMenuItem_Click(object sender, EventArgs e)
    {
        if (SaveFileDialog1.ShowDialog() == DialogResult.OK)
        {
            PictureBox1.Image.Save(SaveFileDialog1.FileName);
        }
    }
}
```

MEMO

03
CHAPTER

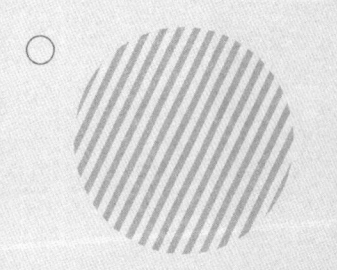

目標二值化與輪廓化

CHECK POINT

3-1 目標切割是目的,二值化與輪廓化是手段
3-2 建立區塊亮度平均值作為二值化門檻
3-3 二值化處理
3-4 輪廓化處理
3-5 用氾濫式演算法檢視封閉曲線
3-6 本節相關議題討論

3-1 目標切割是目的，二值化與輪廓化是手段

前一章已經介紹了將全彩影像簡化成灰階，到做出最簡易的二值化圖形。我們的目標是將車牌字元切割出來成為獨立目標做後續的辨識，但因為我們一開始不知道車牌在哪裡？所以必須針對全圖做二值化的處理，事實上就是在灰階圖上看起來「像個字」的較「深色」區塊，為何稱之為「區塊」？也就是指它的周邊圍繞著較「淺色」的區域。

但所謂的深色與淺色是相對的觀念，下面兩個車牌影像一亮一暗，用一般人的視力看都算清晰，灰階分布直方圖如右。如果你只以簡單的灰階128亮度門檻做二值化，兩者都是無法看到字元的，一個會變全白，一個全黑。這表示要找到所有可能的目標，我們的二值化門檻必須「因地制宜」，在全圖的不同區域要動態調整，這就是本章將介紹的第一個主題。

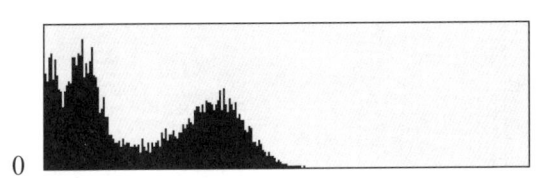

請先建立一個程式專案，匯入前一章建立的 FastPixel 類別，建立主功能表的下列幾個按鍵：Open, Gray, Ave, Binary 與 Outline。其中 Open 功能與前一章相同，用於開啟待處理的影像，Gray 的內容與前一章的 Green 按鍵相同，就是以綠光為基礎的灰階影像，程式碼可以直接複製過來。

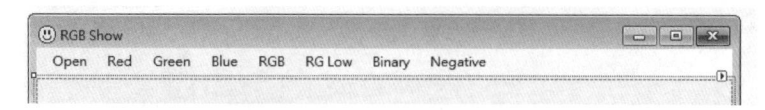

3-2 建立區塊亮度平均值作為二值化門檻

這裡的概念是先將影像分成 40X40 大小的方塊，計算每個方塊內的平均亮度，在此方塊區域內，灰階亮度大於或等於平均值的將被視為白色背景，小於平均值的視為黑色目標，也就是以區塊的平均亮度作為二值化處理的門檻值。首先我們用 Ave 按鍵功能看看這個區塊平均值計算的結果：

```csharp
//平均亮度方塊圖
int Gdim = 40;  //計算區域亮度區塊的寬與高
int[,] Th;  //每一區塊的平均亮度，二值化門檻值
private void AveToolStripMenuItem_Click(object sender, EventArgs e)
{
    int kx = f.nx / Gdim, ky = f.ny / Gdim;
    Th = new int[kx, ky];  //區塊陣列
    //累計各區塊亮度值總和
    for (int i = 0; i < f.nx; i++)
    {
        int x = i / Gdim;
        for (int j = 0; j < f.ny; j++)
        {
            int y = j / Gdim;
            Th[x, y] += f.Gv[i, j];
        }
    }
    //建立亮度塊狀圖
    byte[,] A = new byte[f.nx, f.ny];
    for (int i = 0; i < kx; i++)
    {
        for (int j = 0; j < ky; j++)
```

```
            {
                Th[i, j] /= Gdim * Gdim;
                for (int ii = 0; ii < Gdim; ii++)
                {
                    for (int jj = 0; jj < Gdim; jj++)
                    {
                        A[i * Gdim + ii, j * Gdim + jj] = (byte)Th[i, j];
                    }
                }
            }
        }
        PictureBox1.Image = f.GrayImg(A);
    }
```

因為區塊的大小 Gdim 與門檻值陣列 Th 會被後續程式繼續使用,所以需要提升為全域變數。寫好程式後開啟前面的影像檔,Gray 與 Ave 顯示的影像應該如下:

CHAPTER 03 目標二值化與輪廓化

3-3 二值化處理

接下來是依據這個門檻陣列(Th)產生全圖的二值化影像,就是 Binary 按鍵的功能,程式碼如下:

```
//二值化
byte[,] Z;
private void BinaryToolStripMenuItem_Click(object sender, EventArgs e)
{
    Z = new byte[f.nx, f.ny];
    for (int i = 1; i < f.nx - 1; i++)
    {
        int x = i / Gdim;
        for (int j = 1; j < f.ny - 1; j++)
        {
            int y = j / Gdim;
            if (f.Gv[i, j] < Th[x, y])
            {
                Z[i, j] = 1;
            }
        }
    }
    PictureBox1.Image = f.BWImg(Z);
}
```

二值化結果如下圖:

3-5

3-4 輪廓化處理

接下來要如何將這些大大小小的黑色塊狀目標，變成後續的辨識程式演算法可以方便操作的「**物件**」呢？這應該就是業餘與專業技術的分水嶺了！我們必須可以直接用程式指定上圖中那些 E 或 Z 等「**目標**」該去做甚麼處理？就是要將它們一一從全圖中擷取出來，建立成一個個明確的資料結構。在數學上就是將相連的黑點視為一個獨立目標，此時最適用的演算法就是所謂的 **Flood fill Algorithm**，中文稱為**氾濫式演算法**，大家最熟悉的應用就是小畫家裡面的**油漆桶**填色功能了！

但是有一個問題是：氾濫式演算法要填充那麼多凌亂的實心黑色區域當然是很耗時的，想想一個字元區塊內的黑點可能就上千個！但是目標內部的實心黑點，對於我們後續辨識字元的寬高、大小、形狀甚至字形的特徵都沒有幫助，所以我們最好先將二值化圖簡化為輪廓圖，就是以輪廓圖進行擷取目標的計算，這樣就可以節省很多的處理時間。這就是 Outline 按鍵的功能了，程式碼及執行結果如下：

```
//輪廓線
byte[,] Q;
private void OutlineToolStripMenuItem_Click(object sender, EventArgs e)
{
```

```
        Q = Outline(Z);
        PictureBox1.Image = f.BWImg(Q);
    }
    //建立輪廓點陣列
    private byte[,] Outline(byte[,] b)
    {
        byte[,] Q = new byte[f.nx, f.ny];
        for (int i = 1; i < f.nx - 1; i++)
        {
            for (int j = 1; j < f.ny - 1; j++)
            {
                if (b[i, j] == 0) continue;
                if (b[i - 1, j] == 0) { Q[i, j] = 1; continue; }
                if (b[i + 1, j] == 0) { Q[i, j] = 1; continue; }
                if (b[i, j - 1] == 0) { Q[i, j] = 1; continue; }
                if (b[i, j + 1] == 0) { Q[i, j] = 1; }
            }
        }
        return Q;
    }
```

所謂輪廓點的定義就是某個黑點(目標點)的上下左右，至少有一點是白點(背景點)，這樣它就應該是目標區塊的邊界點了！程式中我們是以 Z 陣列代表二值化的資料，Q 則代表輪廓點的陣列，這是我們自行建立的習慣用法，本書後續都會盡量承襲這些慣例。

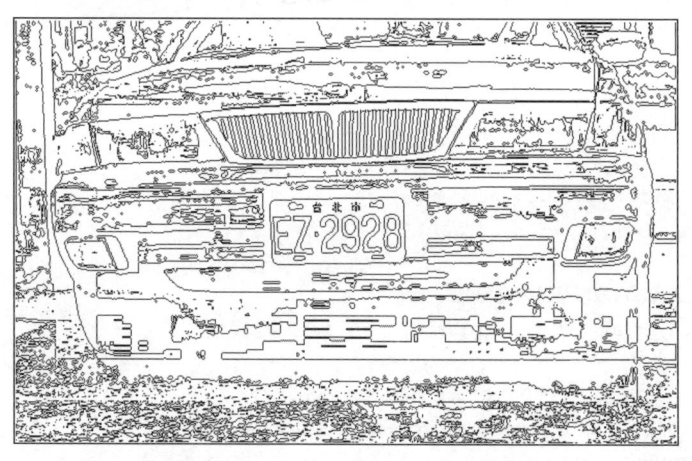

3-5 用氾濫式演算法檢視封閉曲線

在輪廓線圖上要找出獨立目標，其實就是使用氾濫式演算法(flood fill algorithm)找出封閉的曲線，所有可以相連互通的點集合就是同一目標了！如何建立有完整屬性(如寬、高、位置與點數等)的獨立目標物件？是下一章的議題，在此我們先用一個氾濫式演算法讓大家看到哪些輪廓是相連的？也就是可辨識目標的原型！請在 PictureBox1 的 MouseDown 事件中寫程式如下：

```csharp
//選擇顯示某目標之輪廓線
private void PictureBox1_MouseDown(object sender, MouseEventArgs e)
{
    if (e.Button == MouseButtons.Left)
    {
        if (Q == null) return;
        int x = e.X;
        int y = e.Y;
        //尋找左方最近之輪廓點
        while (Q[x, y] == 0 && x > 0)
        {
            x--;
        }
        ArrayList A = getGrp(Q, x, y);//搜尋此目標所有輪廓點
        Bitmap bmp = f.BWImg(Q);//建立輪廓圖
        for (int k = 0; k < A.Count; k++)
        {
            Point p = (Point)A[k];
            bmp.SetPixel(p.X, p.Y, Color.Red);
        }
        PictureBox1.Image = bmp;
    }
}
//氾濫式演算法取得某目標之輪廓點
private ArrayList getGrp(byte[,] q, int i, int j)
{
    if (q[i, j] == 0) return new ArrayList();
    byte[,] b = (byte[,])q.Clone();//建立輪廓點陣列副本
    ArrayList nc = new ArrayList();//每一輪搜尋的起點集合
    nc.Add(new Point(i, j));//輸入之搜尋起點
    b[i, j] = 0;//清除此起點之輪廓點標記
```

```
ArrayList A = nc;//此目標中所有目標點的集合
do
{
    ArrayList nb = (ArrayList)nc.Clone();//複製此輪之搜尋起點集合
    nc = new ArrayList();//清除準備蒐集下一輪搜尋起點之集合
    for (int m = 0; m < nb.Count; m++)
    {
        Point p = (Point)nb[m];//搜尋起點
        //在此點周邊 3X3 區域內找輪廓點
        for (int ii = p.X - 1; ii <= p.X + 1; ii++)
        {
            for (int jj = p.Y - 1; jj <= p.Y + 1; jj++)
            {
                if (b[ii, jj] == 0) continue;//非輪廓點忽略
                Point k = new Point(ii, jj);//建立點物件
                nc.Add(k);//本輪搜尋新增的輪廓點
                A.Add(k);//加入所有已蒐集到的目標點集合
                b[ii, jj] = 0;//清除輪廓點標記
            }
        }
    }
} while (nc.Count > 0);//此輪搜尋有新發現輪廓點時繼續搜尋
return A; //回傳目標物件集合
}
```

寫好之後用滑鼠點選輪廓圖的畫面，應該可以看到最接近該點的封閉曲線，大概如右圖：

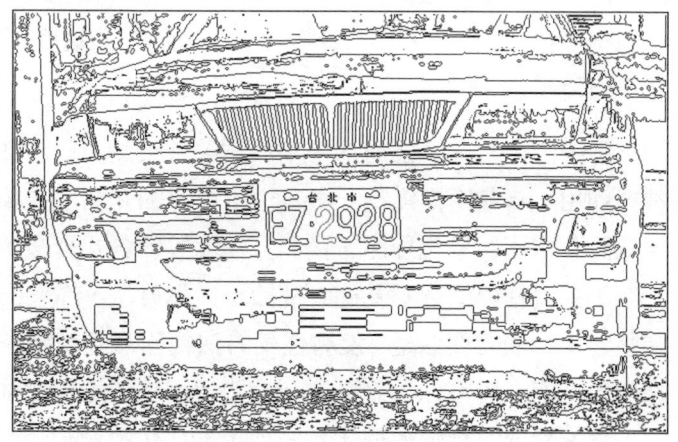

3-6 本節相關議題討論

本書的目的是想清楚介紹傳統的影像辨識概念與實作方法,但是距離要做出真正商業化的軟體還是有很多細節差距。譬如使用區塊亮度平均作二值化門檻時,大家可能已經發現在區塊邊緣的門檻值會有跳躍的現象,如果要辨識的字元目標剛好跨越兩個亮度差異較大的區塊,就有可能產生邊界效應,字元左右使用差異大的門檻做二值化就會有些異常了!

我們實作商業軟體時一定會使用線性內插等方式,讓門檻值不會隨區塊跨界而跳躍,內外插的方式也有很多種,但是為免陷入太多枝節,模糊了主要辨識流程的介紹,就留待讀者自己去補足了!那些不是太困難的數學,但需要時間寫程式與充分實驗。事實上,以區塊的亮度平均值作為門檻也不是唯一或最好的方式!我們想表達的重點是:**每一點的門檻值必須參考該點周遭的環境因素來決定**。按照這個原則,讀者也可以設計自己的門檻值演算法,只要結果好就是好演算法。

此外,所謂氾濫式演算法是以某目標物中的一個點為起始,反覆嘗試擴張版圖到周圍相連的目標點,直到每一點的周圍都是已搜尋確認過的目標點,或背景點為止。在動態門檻的方式下做出的二值圖,即使簡化成輪廓,還是相當複雜的!大量使用氾濫式演算法多少會影響辨識速度,所以我們在商業軟體中會有很多技巧去簡化輪廓,或提升氾濫式演算的速度,整體來說就是所謂的「**優化**」效能了!

那些優化的細節技術都是基於實驗效果逐步研發加入的,也不是所有狀況都能通用,為免模糊焦點,本書也不會詳細介紹了!讀者可以自行研究,隨時增刪調整自己的優化程序。我們公司承接的各式影像辨識專案,也都是以本書介紹的主流程與概念為基礎,細節流程與方法,都是依據辨識目標特性而彈性調整的!我們的理念是:**沒有任何方法或程序是所有影像辨識目的都可以一體適用的**!能直接幫你準確擷取所有需要目標的影像辨識萬靈丹,應該是不存在的!**理解狀況**並**針對處理**才是製作出最佳化影像辨識軟體的王道!

完整專案

```csharp
using System;
using System.Collections;
using System.Collections.Generic;
using System.ComponentModel;
using System.Data;
using System.Drawing;
using System.Linq;
using System.Text;
using System.Threading.Tasks;
using System.Windows.Forms;

namespace CsRGBshow
{
    public partial class Form1 : Form
    {
        public Form1()
        {
            InitializeComponent();
        }
        FastPixel f = new FastPixel(); //宣告快速繪圖物件

        //開啟影像
        private void OpenToolStripMenuItem_Click(object sender, EventArgs e)
        {
            if (OpenFileDialog1.ShowDialog() == DialogResult.OK)
            {
                Bitmap bmp = new Bitmap(OpenFileDialog1.FileName);
                f.Bmp2RGB(bmp); //讀取 RGB 亮度陣列
                PictureBox1.Image = bmp;
            }
        }
        //儲存影像
        private void SaveImageToolStripMenuItem_Click(object sender, EventArgs e)
        {
            if (SaveFileDialog1.ShowDialog() == DialogResult.OK)
            {
                PictureBox1.Image.Save(SaveFileDialog1.FileName);
            }
        }
        //灰階
        private void GrayToolStripMenuItem_Click(object sender, EventArgs e)
        {
            PictureBox1.Image = f.GrayImg(f.Gv);
```

```csharp
}
//平均亮度方塊圖
int Gdim = 40; //計算區域亮度區塊的寬與高
int[,] Th; //每一區塊的平均亮度,二值化門檻值
private void AveToolStripMenuItem_Click(object sender, EventArgs e)
{
    int kx = f.nx / Gdim, ky = f.ny / Gdim;
    Th = new int[kx, ky]; //區塊陣列
    //累計各區塊亮度值總和
    for (int i = 0; i < f.nx; i++)
    {
        int x = i / Gdim;
        for (int j = 0; j < f.ny; j++)
        {
            int y = j / Gdim;
            Th[x, y] += f.Gv[i, j];
        }
    }
    //建立亮度塊狀圖
    byte[,] A = new byte[f.nx, f.ny];
    for (int i = 0; i < kx; i++)
    {
        for (int j = 0; j < ky; j++)
        {
            Th[i, j] /= Gdim * Gdim;
            for (int ii = 0; ii < Gdim; ii++)
            {
                for (int jj = 0; jj < Gdim; jj++)
                {
                    A[i * Gdim + ii, j * Gdim + jj] = (byte)Th[i, j];
                }
            }
        }
    }
    PictureBox1.Image = f.GrayImg(A);
}
//二值化
byte[,] Z;
private void BinaryToolStripMenuItem_Click(object sender, EventArgs e)
{
    Z = new byte[f.nx, f.ny];
    for (int i = 1; i < f.nx - 1; i++)
    {
        int x = i / Gdim;
        for (int j = 1; j < f.ny - 1; j++)
        {
```

```csharp
                int y = j / Gdim;
                if (f.Gv[i, j] < Th[x, y])
                {
                    Z[i, j] = 1;
                }
            }
        }
        PictureBox1.Image = f.BWImg(Z);
    }
    //輪廓線
    byte[,] Q;
    private void OutlineToolStripMenuItem_Click(object sender, EventArgs e)
    {
        Q = Outline(Z);
        PictureBox1.Image = f.BWImg(Q);
    }
    //建立輪廓點陣列
    private byte[,] Outline(byte[,] b)
    {
        byte[,] Q = new byte[f.nx, f.ny];
        for (int i = 1; i < f.nx - 1; i++)
        {
            for (int j = 1; j < f.ny - 1; j++)
            {
                if (b[i, j] == 0) continue;
                if (b[i - 1, j] == 0) { Q[i, j] = 1; continue; }
                if (b[i + 1, j] == 0) { Q[i, j] = 1; continue; }
                if (b[i, j - 1] == 0) { Q[i, j] = 1; continue; }
                if (b[i, j + 1] == 0) { Q[i, j] = 1; }
            }
        }
        return Q;
    }
    //選擇顯示某目標之輪廓線
    private void PictureBox1_MouseDown(object sender, MouseEventArgs e)
    {
        if (e.Button == MouseButtons.Left)
        {
            if (Q == null) return;
            int x = e.X;
            int y = e.Y;
            //尋找左方最近之輪廓點
            while (Q[x, y] == 0 && x > 0)
            {
                x--;
            }
```

```csharp
            ArrayList A = getGrp(Q, x, y);//搜尋此目標所有輪廓點
            Bitmap bmp = f.BWImg(Q);//建立輪廓圖
            for (int k = 0; k < A.Count; k++)
            {
                Point p = (Point)A[k];
                bmp.SetPixel(p.X, p.Y, Color.Red);
            }
            PictureBox1.Image = bmp;
        }
    }
}
//泛濫式演算法取得某目標之輪廓點
private ArrayList getGrp(byte[,] q, int i, int j)
{
    if (q[i, j] == 0) return new ArrayList();
    byte[,] b = (byte[,])q.Clone();//建立輪廓點陣列副本
    ArrayList nc = new ArrayList();//每一輪搜尋的起點集合
    nc.Add(new Point(i, j));//輸入之搜尋起點
    b[i, j] = 0;//清除此起點之輪廓點標記
    ArrayList A = nc;//此目標中所有目標點的集合
    do
    {
        ArrayList nb = (ArrayList)nc.Clone();//複製此輪之搜尋起點集合
        nc = new ArrayList();//清除準備蒐集下一輪搜尋起點之集合
        for (int m = 0; m < nb.Count; m++)
        {
            Point p = (Point)nb[m];//搜尋起點
            //在此點周邊 3X3 區域內找輪廓點
            for (int ii = p.X - 1; ii <= p.X + 1; ii++)
            {
                for (int jj = p.Y - 1; jj <= p.Y + 1; jj++)
                {
                    if (b[ii, jj] == 0) continue;//非輪廓點忽略
                    Point k = new Point(ii, jj);//建立點物件
                    nc.Add(k);//本輪搜尋新增的輪廓點
                    A.Add(k);//加入所有已蒐集到的目標點集合
                    b[ii, jj] = 0;//清除輪廓點點標記
                }
            }
        }
    } while (nc.Count > 0);//此輪搜尋有新發現輪廓點時繼續搜尋
    return A; //回傳目標物件集合
}
```

04
CHAPTER

目標物件的建立與篩選

CHECK POINT

4-1　目標物件定義
4-2　二值化與輪廓化的功能整併
4-3　建立目標物件
4-4　依據寬高篩選目標物件
4-5　依據目標與背景的亮度對比篩選
4-6　檢視目標屬性
4-7　建立目標物件是必要的里程碑

影像辨識實務應用－使用 C#

4-1 目標物件定義

前一章中已經做到可以將目標變成一個一個的封閉曲線，本章中我們要進一步實作出「**目標物件**」。就是將可視的黑色區塊目標，變成有寬高或對比強度等屬性的程式物件，這在物件導向程式的架構來說就是要建立一個類別。

在 FastPixel 類別裡寫程式碼如下：

```
    //目標物件類別
class TgInfo
{
    public int np = 0; //目標點數
    public ArrayList P = null; //目標點的集合
    public int xmn = 0, xmx = 0, ymn = 0, ymx = 0; //四面座標極值
    public int width = 0, height = 0; //寬與高
    public int pm = 0; //目標與背景的對比強度
    public int cx = 0, cy = 0; //目標中心點座標
    public int ID = 0; //依對比度排序的序號
}
```

當然一個目標物件可以建立非常多的屬性，後續有需要時還可以在此繼續新增。為繼續本章的實作說明，請先建立一個類似前章的程式專案，一樣匯入 FastPixel 類別，建立主功能表的下列幾個按鍵：Open, Binary, Outline, Targets, Filter 與 Sort。

CHAPTER 04 目標物件的建立與篩選

```
GetTargets
Open  Binary  Outline  Targets  Filter  Sort
```

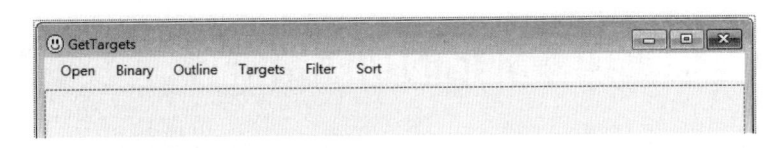

在表單程式碼的最前方也請先建立好以下的全域變數：

```
byte[,] B;  //灰階陣列
byte[,] Z;  //二值化陣列
byte[,] Q;  //輪廓線陣列
int Gdim = 40;  //計算區域亮度區塊的寬與高
int[,] Th;  //每一區塊的平均亮度，二值化門檻值
ArrayList C;  //目標物件集合
Bitmap Mb;  //底圖副本
FastPixel f = new FastPixel();  //宣告快速繪圖物件
```

與前兩章稍有不同的是，我們用 B 陣列代表灰階陣列，如果你想用綠光亮度作為灰階，只要在取得 RGB 資訊後設定 B=Gv 即可。對於同一張影像的辨識案例，我們常常需要在各個流程中回溯使用到該圖的灰階(B)、輪廓(Q)與二值化(Z)陣列，所以將它們升格為全域變數是有必要的！目標物件集合 C 也是一樣的狀況，基本上它就是辨識程序後半段的主角。

Open 按鍵程式內容微調如下：

```
private void OpenToolStripMenuItem_Click(object sender, EventArgs e)
{
    if (OpenFileDialog1.ShowDialog() == DialogResult.OK)
    {
        Bitmap bmp = new Bitmap(OpenFileDialog1.FileName);
        f.Bmp2RGB(bmp);  //讀取 RGB 亮度陣列
        B = f.Gv;
        PictureBox1.Image = bmp;
    }
}
```

4-3

4-2 二值化與輪廓化的功能整併

　　為了讓讀者逐步深入，充分理解每一個辨識流程，在每一章都能專注於新介紹的程序，我們的程式專案都是滾動式進化的！前面已經學會的程序會在下一章的程式專案中，逐步被封裝成一些獨立的副程式，不需要一一展示的過程影像功能也會被省略，這一章我們的 Binary 功能程式碼就整合成這樣了：

```csharp
public int nx, ny; //影像寬與高
public byte[,] Rv, Gv, Bv; //Red, Green & Blue 陣列
byte[] rgb; //影像的可存取副本資料陣列
System.Drawing.Imaging.BitmapData D; //影像資料
IntPtr ptr; //影像資料所在的記憶體指標(位置)
int n, L, nB; //影像總位元組數，單行位元組數，單點位元組數

//鎖定點陣圖(Bitmap)物件的記憶體位置，建立一個可操作的為元組陣列副本
private void LockBMP(Bitmap bmp)
{
    //矩形物件，定義影像範圍
    Rectangle rect = new Rectangle(0, 0, bmp.Width, bmp.Height);
    //鎖定影像區記憶體(暫時不接受作業系統的移動)
    D = bmp.LockBits(rect, Imaging.ImageLockMode.ReadWrite, bmp.PixelFormat);
    ptr = D.Scan0; //影像區塊的記憶體指標
    L = D.Stride; //每一影像列的長度(bytes)
    nB = (int)Math.Floor((double)L / (double)bmp.Width); //每一像素的位元組數(3 或 4)
    n = L * bmp.Height; //影像總位元組數
    rgb = new byte[n]; //宣告影像副本資料陣列
    //拷貝點陣圖資料到副本陣列
    System.Runtime.InteropServices.Marshal.Copy(ptr, rgb, 0, n);
}
//複製位元組陣列副本的處理結果到 Bitmap 物件，並解除其記憶體鎖定
private void UnLockBMP(Bitmap bmp)
{
    //拷貝副本陣列到點陣圖位置
    System.Runtime.InteropServices.Marshal.Copy(rgb, 0, ptr, n);
    bmp.UnlockBits(D); //解除鎖定
}
```

當我們要將某影像的 RGB 資料取出時，公開變數 nx 與 ny 代表該影像的寬與高，Rv 代表其紅光陣列，Gv 代表綠光，Bv 代表藍光，這是本書建立的習慣，不是系統的限制。取出 RGB 時的 Sub 副程式如下：

```csharp
//二值化
private void BinaryToolStripMenuItem_Click(object sender, EventArgs e)
{
    Th = ThresholdBuild(B); //門檻值陣列建立
    Z = new byte[f.nx, f.ny];
    for (int i = 1; i < f.nx - 1; i++)
    {
        int x = i / Gdim;
        for (int j = 1; j < f.ny - 1; j++)
        {
            int y = j / Gdim;
            if (f.Gv[i, j] < Th[x, y])
            {
                Z[i, j] = 1;
            }
        }
    }
    PictureBox1.Image = f.BWImg(Z);
}
//門檻值陣列建立
private int[,] ThresholdBuild(byte[,] b)
{
    int kx = f.nx / Gdim, ky = f.ny / Gdim;
    Th = new int[kx, ky];
    //累計各區塊亮度值總和
    for (int i = 0; i < f.nx; i++)
    {
        int x = i / Gdim;
        for (int j = 0; j < f.ny; j++)
        {
            int y = j / Gdim;
            Th[x, y] += f.Gv[i, j];
        }
    }
    for (int i = 0; i < kx; i++)
    {
        for (int j = 0; j < ky; j++)
```

```
            {
                Th[i, j] /= Gdim * Gdim;
            }
        }
        return Th;
    }
```

門檻值的建立過程變成一個 ThresholdBuild 副程式,在 Binary 程序中直接被呼叫使用。以本章的新影像範例執行二值化的結果如下:

接下來是 Outline 的程式碼與執行結果:

```
//輪廓線
private void OutlineToolStripMenuItem_Click(object sender, EventArgs e)
{
    Q = Outline(Z);
    PictureBox1.Image = f.BWImg(Q);
}
//建立輪廓點陣列
private byte[,] Outline(byte[,] b)
{
    byte[,] Q = new byte[f.nx, f.ny];
    for (int i = 1; i < f.nx - 1; i++)
    {
        for (int j = 1; j < f.ny - 1; j++)
        {
            if (b[i, j] == 0) continue;
            if (b[i - 1, j] == 0) { Q[i, j] = 1; continue; }
```

```
                if (b[i + 1, j] == 0) { Q[i, j] = 1; continue; }
                if (b[i, j - 1] == 0) { Q[i, j] = 1; continue; }
                if (b[i, j + 1] == 0) { Q[i, j] = 1; }
            }
        }
        return Q;
    }
```

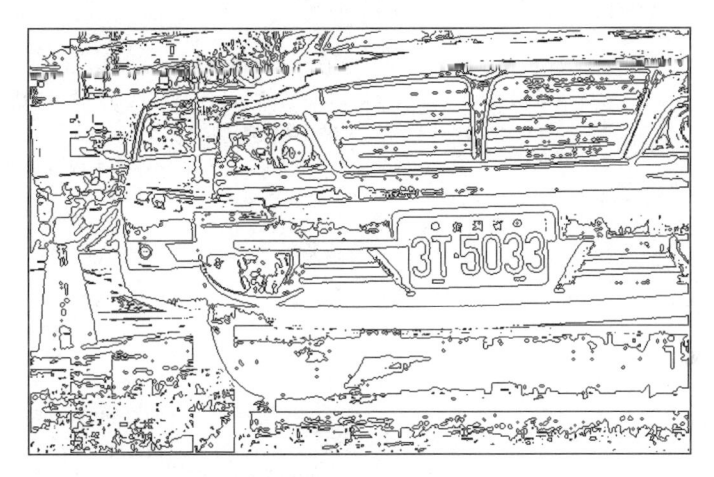

4-3 建立目標物件

前一章我們已經介紹了使用氾濫式演算法找出一個封閉曲線的程式，在此就是要將程式改成可以巨細靡遺的將「**所有**」的獨立曲線都分離出來，並以這些曲線為依據建立出圖上所有的目標物件。就是將輪廓線矩陣饋入一個 getTargets 副程式，並回傳一個包含所有目標物件的集合物件。

程式碼如下：

```
//以輪廓點建立目標陣列，排除負目標
private ArrayList getTargets(byte[,] q)
{
    ArrayList A = new ArrayList();
    byte[,] b = (byte[,])q.Clone();//建立輪廓點陣列副本
    for (int i = 1; i < f.nx - 1; i++)
    {
        for (int j = 1; j < f.ny - 1; j++)
```

```csharp
            {
                if (b[i, j] == 0) continue;
                TgInfo G = new TgInfo();
                G.xmn = i; G.xmx = i; G.ymn = j; G.ymx = j; G.P = new ArrayList();
                ArrayList nc = new ArrayList();//每一輪搜尋的起點集合
                nc.Add(new Point(i, j));//輸入之搜尋起點
                G.P.Add(new Point(i, j));
                b[i, j] = 0;//清除此起點之輪廓點標記
                do
                {
                    ArrayList nb = (ArrayList)nc.Clone();//複製此輪之搜尋起點集合
                    nc = new ArrayList();// 清除準備蒐集下一輪搜尋起點之集合
                    for (int m = 0; m < nb.Count; m++)
                    {
                        Point p = (Point)nb[m];//搜尋起點
                        //在此點周邊3X3區域內找輪廓點
                        for (int ii = p.X - 1; ii <= p.X + 1; ii++)
                        {
                            for (int jj = p.Y - 1; jj <= p.Y + 1; jj++)
                            {
                                if (b[ii, jj] == 0) continue;//非輪廓點忽略
                                Point k = new Point(ii, jj);//建立點物件
                                nc.Add(k);//本輪搜尋新增的輪廓點
                                G.P.Add(k);
                                G.np += 1;//點數累計
                                if (ii < G.xmn) G.xmn = ii;
                                if (ii > G.xmx) G.xmx = ii;
                                if (jj < G.ymn) G.ymn = jj;
                                if (jj > G.ymx) G.ymx = jj;
                                b[ii, jj] = 0;//清除輪廓點點標記
                            }
                        }
                    }
                } while (nc.Count > 0);//此輪搜尋有新發現輪廓點時繼續搜尋
                if (Z[i - 1, j] == 1) continue;//排除白色區塊的負目標，起點左邊是黑點
                G.width = G.xmx - G.xmn + 1;//寬度計算
                G.height = G.ymx - G.ymn + 1;//高度計算
                A.Add(G);//加入有效目標集合
            }
        }
        return A; //回傳目標物件集合
    }
```

先解釋一下這個 getTargets 的內容，饋入的輪廓點陣列會先建立一個副本，以此副本在全圖做左上到右下的依序搜尋，碰到任何輪廓點就先建立一個空的 Tginfo 目標物件 G，以此點為起點，做一個氾濫式演算法的搜尋，蒐集所有這個封閉曲線內的輪廓點到 G.P 集合，同時也逐步建立此目標的上下左右四個座標極值 xmn, xmx, ymn 與 ymx，最終可以用此四個極值算出目標的寬(width)、高(height)與中心點座標等屬性。

在氾濫式演算進行中，已經被找到並記錄於目標內的輪廓點(副本)就會被清除，所以不會有重複搜尋的問題，雖然看起來輪廓點很多，計算時間還算合理，不會太慢。也因為輪廓點會被逐步擦掉，所以我們一開始才要建立副本，副本的輪廓點終究會被氾濫演算法清光，但原本的輪廓點 Q 陣列會被保留，以供後續的辨識程序使用。

以輪廓點的封閉區線為建立目標的基礎會有一個問題，就是其實我們想要的目標是實心的「**黑色**」區塊，但是「**白色**」的區塊一樣可以形成封閉曲線，看上圖你就明白了！如果要辨識那個 0 字，內圈的白色目標是沒有用處的，應該要被剔除，但怎麼剔除呢？這裡可以用一個很巧妙的方法，就是：

每一個氾濫式演算法的起點應該是該目標最左邊的一點，此點本身是輪廓點，在二值化圖上當然是黑點，如果**它的左邊**是白點，表示此目標將會是個實心黑區，反之，就是白色目標了！所以只要一行程式 **if (Z[i - 1, j] == 1) continue;** 就可以排除白色目標了！

接下來就是表單上 Targets 功能按鍵的程式碼了：

```csharp
//建立目標物件
private void TargetsToolStripMenuItem_Click(object sender, EventArgs e)
{
    C = getTargets(Q); //建立目標物件集合
    //繪製目標輪廓點
    Bitmap bmp = new Bitmap(f.nx, f.ny);
    for (int k = 0; k < C.Count - 1; k++)
    {
        TgInfo T = (TgInfo)C[k];
        for (int m = 0; m < T.P.Count; m++)
        {
            Point p = (Point)T.P[m];
            bmp.SetPixel(p.X, p.Y, Color.Black);
        }
    }
    PictureBox1.Image = bmp;
}
```

基本上就是用 getTargets 建立所有的目標集合 C，過程中已經排除了白色區塊的目標，接著就是畫出所有目標內的點集合。執行後的畫面會如下圖，可以看出將實心白色目標剔除後的輪廓線已經簡化很多了！

4-4 依據寬高篩選目標物件

前一節我們已經將所有的黑色目標找出來了，但是我們的最終目標是車牌字元，超過預期的車牌字合理寬或高的目標可以依據目標屬性加以排除。這就是 Filter 按鍵的功能，程式碼如下：

```
//依據目標大小篩選目標
int minHeight = 16, maxHeight = 100, minWidth = 2, maxWidth = 100;
private void FilterToolStripMenuItem_Click(object sender, EventArgs e)
{
    ArrayList D = new ArrayList();
    for (int k = 0; k < C.Count; k++)
    {
        TgInfo T = (TgInfo)C[k];
        if (T.height < minHeight) continue;
        if (T.height > maxHeight) continue;
        if (T.width < minWidth) continue;
        if (T.width > maxWidth) continue;
        D.Add(T);
    }
    C = D;
    //繪製有效目標
    Bitmap bmp = new Bitmap(f.nx, f.ny);
    for (int k = 0; k < C.Count - 1; k++)
    {
        TgInfo T = (TgInfo)C[k];
        for (int m = 0; m < T.P.Count; m++)
        {
            Point p = (Point)T.P[m];
            bmp.SetPixel(p.X, p.Y, Color.Black);
        }
    }
    PictureBox1.Image = bmp;
    Mb = (Bitmap)bmp.Clone();
}
```

在此我們是將寬度 2(畫素)以下，80 以上，高度 10 以下，80 以上的目標直接忽略，收集合格目標當作新的目標資料集合，為何寬度要設得特別小呢？

是因為字元中會有「1」這種特別窄的字元。當然我們也可以用寬高比等等其他更繁複的條件設計篩選條件，就看各為對問題的理解與需要自行斟酌了！執行 Filter 之後會變成這樣：

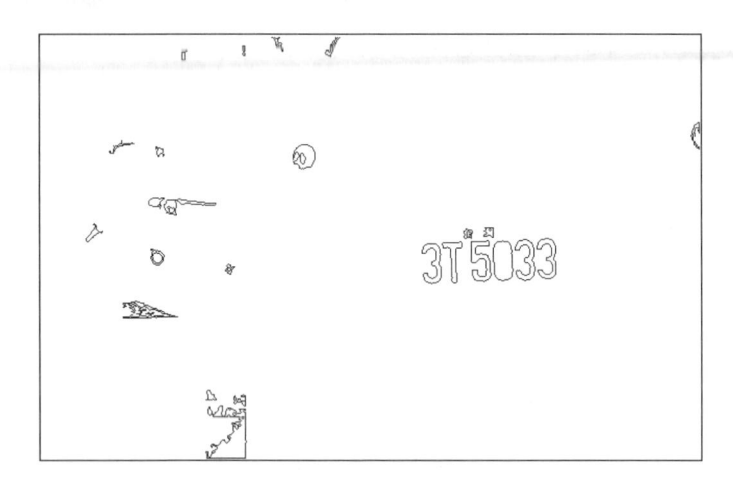

4-5 依據目標與背景的亮度對比篩選

以多數的目標辨識來說，我們要找的常常是相對清楚，就是與背景亮度對比較高的目標，如果我們可以正確知道哪個目標較明顯？哪些目標對比度很低，只是背景雜訊！就可以大幅降低誤認的可能性，優先處理較清楚的目標也可以讓我們更快找到正確的車牌。下面的 PointPm 是針對一個輪廓點計算它與周遭背景點亮度差距最大的對比度：

```
//輪廓點與背景的對比度
private int PointPm(Point p)
{
    int x = p.X, y = p.Y, mx = B[x, y];
    if (mx < B[x - 1, y]) mx = B[x - 1, y];
    if (mx < B[x + 1, y]) mx = B[x + 1, y];
    if (mx < B[x, y - 1]) mx = B[x, y - 1];
    if (mx < B[x, y + 1]) mx = B[x, y + 1];
    return mx - B[x, y];
}
```

CHAPTER **04** 目標物件的建立與篩選

　　它的作用是送入一個應該是深色的輪廓點，查看它的上下左右四個鄰點，取最亮點與此輪廓點的灰階差異，就是此點的對比度了！我們只要將每個目標內蒐集的每個輪廓點，都做上述的計算，找出最大值作為整個目標的對比度(pm 屬性)即可！按鍵 Sort 的功能就是先建立好目前所有目標的對比度，然後用排序演算法找出前 10 名最強對比的目標，通常車牌就呼之欲出了！

　　程式碼與執行結果如下：

```
//依據對比度排序前10大目標
private void SortToolStripMenuItem_Click(object sender, EventArgs e)
{
    //建立目標物件的對比度屬性
    for (int k = 0; k < C.Count; k++)
    {
        TgInfo T = (TgInfo)C[k];
        for (int m = 0; m < T.P.Count; m++)
        {
            int pm = PointPm((Point)T.P[m]);
            if (pm > T.pm) T.pm = pm;
        }
        C[k] = T;
    }
    //依對比度排序
    for (int i = 0; i < 10; i++)
    {
        for (int j = i + 1; j < C.Count; j++)
        {
            TgInfo T = (TgInfo)C[i], G = (TgInfo)C[j];
            if (T.pm < G.pm)
            {
                C[i] = G; C[j] = T;
            }
        }
    }
    //繪製有效目標
    Bitmap bmp = new Bitmap(f.nx, f.ny);
    for (int k = 0; k < 10; k++)
    {
        TgInfo T = (TgInfo)C[k];
        for (int m = 0; m < T.P.Count; m++)
```

```
            {
                Point p = (Point)T.P[m];
                bmp.SetPixel(p.X, p.Y, Color.Black);
            }
        }
        PictureBox1.Image = bmp;
        Mb = (Bitmap)bmp.Clone();
    }
```

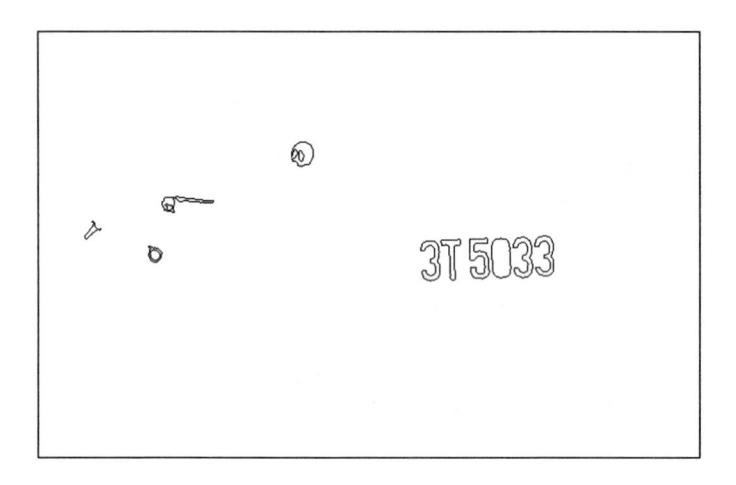

4-6　檢視目標屬性

做到這裡，你已經知道圖上顯示的目標，每一個都有完整的屬性值了！但是你在程式介面上好像無法直接檢視？難道每次都要用除錯模式下的中斷點，到 Visual Studio 軟體去翻找眾多的變數集合嗎？這樣我們做實驗研究就很不方便了！所以我們設計了一個 PictureBox1 的 MouseDown 事件副程式如下：

```
//點選目標顯示位置與屬性
private void PictureBox1_MouseDown(object sender, MouseEventArgs e)
{
    if (Mb == null) return;
    if (e.Button == MouseButtons.Left)
    {
        int m = -1;
        for (int k = 0; k < C.Count; k++)
        {
```

```
            TgInfo T = (TgInfo)C[k];
            if (e.X < T.xmn) continue;
            if (e.X > T.xmx) continue;
            if (e.Y < T.ymn) continue;
            if (e.Y > T.ymx) continue;
            m = k; break;
        }
        if (m >= 0)
        {
            Bitmap bmp = (Bitmap)Mb.Clone();
            TgInfo T = (TgInfo)C[m];
            for (int n = 0; n < T.P.Count; n++)
            {
                Point p = (Point)T.P[n];
                bmp.SetPixel(p.X, p.Y, Color.Red);
            }
            PictureBox1.Image = bmp;
            //指定目標的資訊
            string S = "Width=" + T.width.ToString();
            S += "\n\r" + "Height=" + T.height.ToString();
            S += "\n\r" + "Contrast=" + T.pm.ToString();
            S += "\n\r" + "Point=" + T.np.ToString();
            MessageBox.Show(S);
        }
    }
}
```

它的邏輯就是先看滑鼠點在哪一個目標的 X 與 Y 範圍之內？點到就算選取目標成功了！它會以目前所有目標的輪廓線為底圖，將選取目標的點畫成紅色，同時跳出一個訊息視窗顯示此目標的所有屬性。畫面如右：

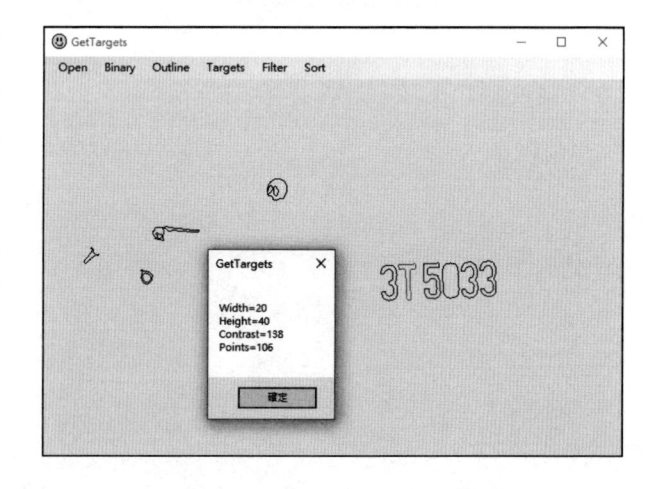

4-7 建立目標物件是必要的里程碑

請大家一定要記得本章的內容是學習 OCR 影像辨識的一個重要里程碑！很讓作者不解的一點是：多數傳統影像辨識書籍，一到這個階段就會忽然語焉不詳，好像作完正確切割影像目標，影像辨識的故事就結束了？但事實上整個辨識程序才進行到一半，如果不講清楚如何建立目標物件，就難以繼續將目標正規化到可以與字模進行比對，當然也無法到達辨識出目標文字意義的終點！

所以本書接下來的幾個章節幾乎就是被傳統影像辨識書籍所刻意忽略，**導致很少人會實作影像辨識程式的主因**！要完成任何辨識的工作，接下來以目標物件為基礎的處理過程是非常重要也必要的步驟。個人猜想，多數書籍到這邊就不再詳細舉例說明，應該是從這裡開始就會因為不同性質目的的辨識而有很大的程序設計差異，很難有一致性的完整通用程序。

這也是本書會以車牌辨識為主要範例的原因，唯有如此才能貫穿介紹整個影像辨識實作的完整過程！但也暗示著每一個不同目的的影像辨識**不會有完全通用的程序**，你必須充分掌握基本的技術動作因應目的調整，才可能設計出高辨識率的辨識核心，硬要套用所謂通用的演算法，即使可以勉強辨識成功，辨識率也不會太高的！

完整專案

```csharp
using System;
using System.Collections;
using System.Collections.Generic;
using System.ComponentModel;
using System.Data;
using System.Drawing;
using System.Linq;
using System.Text;
using System.Threading.Tasks;
using System.Windows.Forms;

namespace CsRGBshow
{

    public partial class Form1 : Form
    {
        public Form1()
        {
            InitializeComponent();
        }
        byte[,] B; //灰階陣列
        byte[,] Z; //二值化陣列
        byte[,] Q; //輪廓線陣列
        int Gdim = 40; //計算區域亮度區塊的寬與高
        int[,] Th; //每一區塊的平均亮度，二值化門檻值
        ArrayList C; //目標物件集合
        Bitmap Mb; //底圖副本
        FastPixel f = new FastPixel(); //宣告快速繪圖物件

        //開啟影像
        private void OpenToolStripMenuItem_Click(object sender, EventArgs e)
        {
            if (OpenFileDialog1.ShowDialog() == DialogResult.OK)
            {
                Bitmap bmp = new Bitmap(OpenFileDialog1.FileName);
                f.Bmp2RGB(bmp); //讀取 RGB 亮度陣列
                B = f.Gv;
                PictureBox1.Image = bmp;
            }
        }
```

```csharp
//二值化
private void BinaryToolStripMenuItem_Click(object sender, EventArgs e)
{
    Th = ThresholdBuild(B); //門檻值陣列建立
    Z = new byte[f.nx, f.ny];
    for (int i = 1; i < f.nx - 1; i++)
    {
        int x = i / Gdim;
        for (int j = 1; j < f.ny - 1; j++)
        {
            int y = j / Gdim;
            if (f.Gv[i, j] < Th[x, y])
            {
                Z[i, j] = 1;
            }
        }
    }
    PictureBox1.Image = f.BWImg(Z);
}
//門檻值陣列建立
private int[,] ThresholdBuild(byte[,] b)
{
    int kx = f.nx / Gdim, ky = f.ny / Gdim;
    Th = new int[kx, ky];
    //累計各區塊亮度值總和
    for (int i = 0; i < f.nx; i++)
    {
        int x = i / Gdim;
        for (int j = 0; j < f.ny; j++)
        {
            int y = j / Gdim;
            Th[x, y] += f.Gv[i, j];
        }
    }
    for (int i = 0; i < kx; i++)
    {
        for (int j = 0; j < ky; j++)
        {
            Th[i, j] /= Gdim * Gdim;
        }
    }
    return Th;
```

```csharp
}
//輪廓線
private void OutlineToolStripMenuItem_Click(object sender, EventArgs e)
{
    Q = Outline(Z);
    PictureBox1.Image = f.BWImg(Q);
}
//建立輪廓點陣列
private byte[,] Outline(byte[,] b)
{
    byte[,] Q = new byte[f.nx, f.ny];
    for (int i = 1; i < f.nx - 1; i++)
    {
        for (int j = 1; j < f.ny - 1; j++)
        {
            if (b[i, j] == 0) continue;
            if (b[i - 1, j] == 0) { Q[i, j] = 1; continue; }
            if (b[i + 1, j] == 0) { Q[i, j] = 1; continue; }
            if (b[i, j - 1] == 0) { Q[i, j] = 1; continue; }
            if (b[i, j + 1] == 0) { Q[i, j] = 1; }
        }
    }
    return Q;
}
//建立目標物件
private void TargetsToolStripMenuItem_Click(object sender, EventArgs e)
{
    C = getTargets(Q); //建立目標物件集合
    //繪製目標輪廓點
    Bitmap bmp = new Bitmap(f.nx, f.ny);
    for (int k = 0; k < C.Count - 1; k++)
    {
        TgInfo T = (TgInfo)C[k];
        for (int m = 0; m < T.P.Count; m++)
        {
            Point p = (Point)T.P[m];
            bmp.SetPixel(p.X, p.Y, Color.Black);
        }
    }
    PictureBox1.Image = bmp;
}
//以輪廓點建立目標陣列,排除負目標
```

```csharp
private ArrayList getTargets(byte[,] q)
{
    ArrayList A = new ArrayList();
    byte[,] b = (byte[,])q.Clone();//建立輪廓點陣列副本
    for (int i = 1; i < f.nx - 1; i++)
    {
        for (int j = 1; j < f.ny - 1; j++)
        {
            if (b[i, j] == 0) continue;
            TgInfo G = new TgInfo();
            G.xmn = i; G.xmx = i; G.ymn = j; G.ymx = j; G.P = new ArrayList();
            ArrayList nc = new ArrayList();//每一輪搜尋的起點集合
            nc.Add(new Point(i, j));//輸入之搜尋起點
            G.P.Add(new Point(i, j));
            b[i, j] = 0;//清除此起點之輪廓點標記
            do
            {
                ArrayList nb = (ArrayList)nc.Clone();//複製此輪之搜尋起點集合
                nc = new ArrayList();// 清除準備蒐集下一輪搜尋起點之集合
                for (int m = 0; m < nb.Count; m++)
                {
                    Point p = (Point)nb[m];//搜尋起點
                    //在此點周邊 3X3 區域內找輪廓點
                    for (int ii = p.X - 1; ii <= p.X + 1; ii++)
                    {
                        for (int jj = p.Y - 1; jj <= p.Y + 1; jj++)
                        {
                            if (b[ii, jj] == 0) continue;//非輪廓點忽略
                            Point k = new Point(ii, jj);//建立點物件
                            nc.Add(k);//本輪搜尋新增的輪廓點
                            G.P.Add(k);
                            G.np += 1;//點數累計
                            if (ii < G.xmn) G.xmn = ii;
                            if (ii > G.xmx) G.xmx = ii;
                            if (jj < G.ymn) G.ymn = jj;
                            if (jj > G.ymx) G.ymx = jj;
                            b[ii, jj] = 0;//清除輪廓點點標記
                        }
                    }
                }
            } while (nc.Count > 0);//此輪搜尋有新發現輪廓點時繼續搜尋
            if (Z[i - 1, j] == 1) continue;//排除白色區塊的負目標,起點左邊是黑點
```

```csharp
            G.width = G.xmx - G.xmn + 1;//寬度計算
            G.height = G.ymx - G.ymn + 1;//高度計算
            A.Add(G);//加入有效目標集合
        }
    }
    return A; //回傳目標物件集合
}
//點選目標顯示位置與屬性
private void PictureBox1_MouseDown(object sender, MouseEventArgs e)
{
    if (Mb == null) return;
    if (e.Button == MouseButtons.Left)
    {
        int m = -1;
        for (int k = 0; k < C.Count; k++)
        {
            TgInfo T = (TgInfo)C[k];
            if (e.X < T.xmn) continue;
            if (e.X > T.xmx) continue;
            if (e.Y < T.ymn) continue;
            if (e.Y > T.ymx) continue;
            m = k; break;
        }
        if (m >= 0)
        {
            Bitmap bmp = (Bitmap)Mb.Clone();
            TgInfo T = (TgInfo)C[m];
            for (int n = 0; n < T.P.Count; n++)
            {
                Point p = (Point)T.P[n];
                bmp.SetPixel(p.X, p.Y, Color.Red);
            }
            PictureBox1.Image = bmp;
            //指定目標的資訊
            string S = "Width=" + T.width.ToString();
            S += "\n\r" + "Height=" + T.height.ToString();
            S += "\n\r" + "Contrast=" + T.pm.ToString();
            S += "\n\r" + "Point=" + T.np.ToString();
            MessageBox.Show(S);
        }
    }
}
```

```csharp
//依據對比度排序前10大目標
private void SortToolStripMenuItem_Click(object sender, EventArgs e)
{
    //建立目標物件的對比度屬性
    for (int k = 0; k < C.Count; k++)
    {
        TgInfo T = (TgInfo)C[k];
        for (int m = 0; m < T.P.Count; m++)
        {
            int pm = PointPm((Point)T.P[m]);
            if (pm > T.pm) T.pm = pm;
        }
        C[k] = T;
    }
    //依對比度排序
    for (int i = 0; i < 10; i++)
    {
        for (int j = i + 1; j < C.Count; j++)
        {
            TgInfo T = (TgInfo)C[i], G = (TgInfo)C[j];
            if (T.pm < G.pm)
            {
                C[i] = G; C[j] = T;
            }
        }
    }
    //繪製有效目標
    Bitmap bmp = new Bitmap(f.nx, f.ny);
    for (int k = 0; k < 10; k++)
    {
        TgInfo T = (TgInfo)C[k];
        for (int m = 0; m < T.P.Count; m++)
        {
            Point p = (Point)T.P[m];
            bmp.SetPixel(p.X, p.Y, Color.Black);
        }
    }
    PictureBox1.Image = bmp;
    Mb = (Bitmap)bmp.Clone();
}
//輪廓點與背景的對比度
private int PointPm(Point p)
```

```
{
    int x = p.X, y = p.Y, mx = B[x, y];
    if (mx < B[x - 1, y]) mx = B[x - 1, y];
    if (mx < B[x + 1, y]) mx = B[x + 1, y];
    if (mx < B[x, y - 1]) mx = B[x, y - 1];
    if (mx < B[x, y + 1]) mx = B[x, y + 1];
    return mx - B[x, y];
}
//儲存影像
private void SaveImageToolStripMenuItem_Click(object sender, EventArgs e)
{
    if (SaveFileDialog1.ShowDialog() == DialogResult.OK)
    {
        PictureBox1.Image.Save(SaveFileDialog1.FileName);
    }
}
//依據目標大小篩選目標
int minHeight = 16, maxHeight = 100, minWidth = 2, maxWidth = 100;
private void FilterToolStripMenuItem_Click(object sender, EventArgs e)
{
    ArrayList D = new ArrayList();
    for (int k = 0; k < C.Count; k++)
    {
        TgInfo T = (TgInfo)C[k];
        if (T.height < minHeight) continue;
        if (T.height > maxHeight) continue;
        if (T.width < minWidth) continue;
        if (T.width > maxWidth) continue;
        D.Add(T);
    }
    C = D;
    //繪製有效目標
    Bitmap bmp = new Bitmap(f.nx, f.ny);
    for (int k = 0; k < C.Count - 1; k++)
    {
        TgInfo T = (TgInfo)C[k];
        for (int m = 0; m < T.P.Count; m++)
        {
            Point p = (Point)T.P[m];
            bmp.SetPixel(p.X, p.Y, Color.Black);
        }
    }
```

```
            PictureBox1.Image = bmp;
            Mb = (Bitmap)bmp.Clone();
        }
    }
}
```

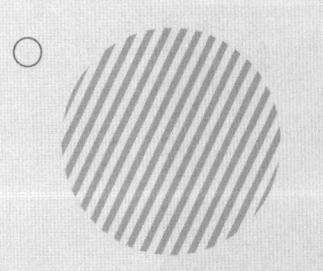

05
CHAPTER

如何找出字元目標群組

CHECK POINT

5-1　準備工作與介紹
5-2　整合後的Outline功能
5-3　整合後的Targets功能
5-4　搜尋最佳目標群組

5-1 準備工作與介紹

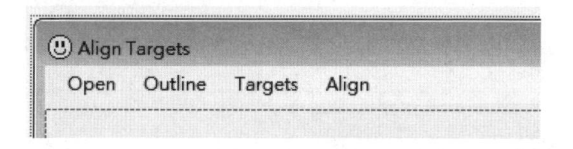

請複製前一章的程式專案，改名為 CsAlignTgs，主功能表按鍵增刪為：Open, Outline, Targets 與 Align。接下來我們會一一隨著辨識程序實作這些功能按鍵，刪減的按鍵其實就是代表逐步變成一些副程式，整合到整體辨識流程中了，不是消失了哦！譬如本章就跳過灰階與二值化的顯示，但實際上要產生輪廓線，這些處理程序都還是必要的！

上一章我們已經介紹到可以建立有很多屬性的目標物件 TgInfo 了！但是實務上，很少影像辨識的目的只是要辨識一個**單一目標**物件的！譬如車牌辨識就至少要辨識 4 到 7 個字元的組合，如果是貨櫃碼就更長了！甚至一個中文字就可能是好幾個「**影像目標**」的集合，譬如「川」字就很明顯，一定會變成三個影像目標，但我們必須將它們從零散的目標堆中集合起來一起解析他們的意義。

所以如何依照最終的辨識目的，找出合理的目標「**群組**」，是大多數**實務影像辨識必經的過程**，但是多數影像辨識書籍都不會詳細介紹這類實作技巧，所以建議大家一定要深入理解並熟練本章的介紹內容。在數學概念上就是將靠得很近，且有共同特性的目標找出來定義為一個集合，實作過程其實不難，但卻是人工智慧化我們視覺邏輯的一個有趣過程。

5-2 整合後的 Outline 功能

在此我們將二值化處理變成一個獨立副程式，包含在 Outline 的顯示按鍵之中，ThresholdBuild 與 Ouline 副程式與之前一樣就不列出了！

程式碼與執行結果如下：

```
//輪廓圖
private void OutlineToolStripMenuItem_Click(object sender, EventArgs e)
{
    Z = DoBinary(B);
    Q = Outline(Z);
    PictureBox1.Image = f.BWImg(Q);
}
//二值化
private byte[,] DoBinary(byte[,] b)
{
    Th = ThresholdBuild(b);
    Z = new byte[f.nx, f.ny];
    for (int i = 1; i < f.nx - 1; i++)
    {
        int x = i / Gdim;
        for (int j = 1; j < f.ny - 1; j++)
        {
            int y = j / Gdim;
            if (f.Gv[i, j] < Th[x, y])
            {
                Z[i, j] = 1;
            }
        }
    }
    return Z;
}
```

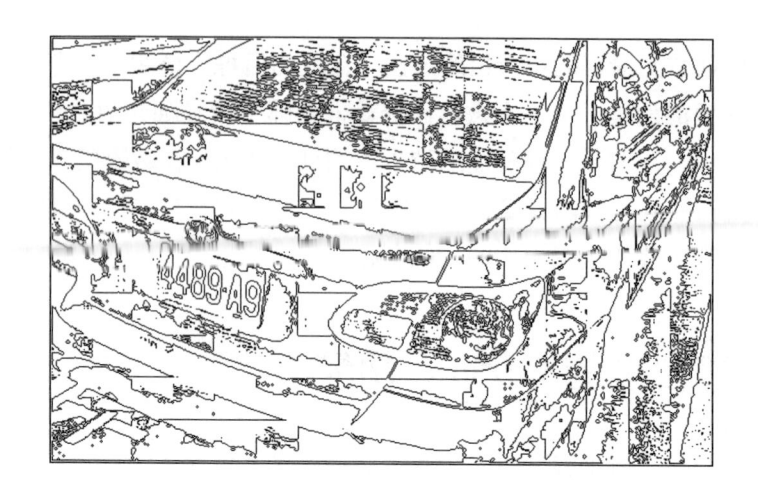

5-3 整合後的 Targets 功能

前一章為了讓讀者能清楚理解建立與篩選目標的過程,所以有獨立的 Filter 與 Sort 程序,在此我們就將篩選過程融入到目標建立的過程,也就是在建立過程中就直接將目標篩選與排序,所以 getTargets 副程式所輸出的目標就已經過篩選排序了!還加上一個 Tgmax 的變數,最多只會輸出我們指定的目標個數。因為我們要辨識的多半是較明顯的目標,擇優選取部分較明顯目標即可,合格目標太多不會影響最後結果,但會增加資料處理量拖慢辨識速度。

完整程式碼如下:

```
//以輪廓點建立目標陣列,排除負目標
int minHeight = 20, maxHeight = 80;//有效目標高度範圍
int minWidth = 2, maxWidth = 80;//有效目標寬度範圍
int Tgmax = 20;//進入決選範圍的最明顯目標上限
private ArrayList getTargets(byte[,] q)
{
    ArrayList A = new ArrayList();
    byte[,] b = (byte[,])q.Clone();//建立輪廓點陣列副本
    for (int i = 1; i < f.nx - 1; i++)
    {
        for (int j = 1; j < f.ny - 1; j++)
        {
            if (b[i, j] == 0) continue;
```

```
TgInfo G = new TgInfo();
G.xmn = i; G.xmx = i; G.ymn = j; G.ymx = j; G.P = new ArrayList();
ArrayList nc = new ArrayList();//每一輪搜尋的起點集合
nc.Add(new Point(i, j)); //輸入之搜尋起點
G.P.Add(new Point(i, j));
b[i, j] = 0;//清除此起點之輪廓點標記
do
{
    ArrayList nb = (ArrayList)nc.Clone();//複製此輪之搜尋起點集合
    nc = new ArrayList();//清除準備蒐集下一輪搜尋起點之集合
    for (int m = 0; m < nb.Count; m++)
    {
        Point p = (Point)nb[m];//搜尋起點
        //在此點周邊3X3區域內找輪廓點
        for (int ii = p.X - 1; ii <= p.X + 1; ii++)
        {
            for (int jj = p.Y - 1; jj <= p.Y + 1; jj++)
            {
                if (b[ii, jj] == 0) continue;//非輪廓點忽略
                Point k = new Point(ii, jj);//建立點物件
                nc.Add(k);//本輪搜尋新增的輪廓點
                G.P.Add(k);//點集合
                G.np += 1;
                if (ii < G.xmn) G.xmn = ii;
                if (ii > G.xmx) G.xmx = ii;
                if (jj < G.ymn) G.ymn = jj;
                if (jj > G.ymx) G.ymx = jj;
                b[ii, jj] = 0;//清除輪廓點點標記
            }
        }
    }
} while (nc.Count > 0);//此輪搜尋有新發現輪廓點時繼續搜尋
if (Z[i - 1, j] == 1) continue;//排除白色區塊的負目標,起點左邊是黑點
G.width = G.xmx - G.xmn + 1;//寬度計算
G.height = G.ymx - G.ymn + 1;//高度計算
//以寬高大小篩選目標
if (G.height < minHeight) continue;
if (G.height > maxHeight) continue;
if (G.width < minWidth) continue;
if (G.width > maxWidth) continue;
G.cx = (G.xmn + G.xmx) / 2; G.cy = (G.ymn + G.ymx) / 2; //中心點
//計算目標的對比度
```

```csharp
            for (int m = 0; m < G.P.Count; m++)
            {
                int pm = PointPm((Point)G.P[m]);
                if (pm > G.pm) G.pm = pm;//最高對比度的輪廓點
            }
            A.Add(G);//加入有效目標集合
        }
    }
    //以對比度排序
    for (int i = 0; i <= Tgmax; i++)
    {
        if (i > A.Count - 1) break;
        for (int j = i + 1; j < A.Count; j++)
        {
            TgInfo T = (TgInfo)A[i], G = (TgInfo)A[j];
            if (T.pm < G.pm)//互換位置,高對比目標在前
            {
                A[i] = G; A[j] = T;
            }
        }
    }
    //取得 Tgmax 個最明顯的目標輸出
    C = new ArrayList();
    for (int i = 0; i < Tgmax; i++)
    {
        if (i > A.Count - 1) break;//超過總目標數
        TgInfo T = (TgInfo)A[i]; T.ID = i;//建立以對比度排序的序號
        C.Add(T);
    }
    return C; //回傳目標物件集合
}
```

　　與前一章不同之處還有我們加入了目標中心點的座標 cx 與 cy 屬性,就是目標左右與上下極值的中點了!還有將目標依據對比度排序之後,我們循序定義了 ID 的屬性,亦即 ID=0 的目標是影像中最明顯的目標,依此類推。至於顯示目標輪廓線的按鍵功能程式內容與之前一樣,也不再重複列出了!

執行結果如下：

5-4 搜尋最佳目標群組

接下來就是本章的重頭戲，如何找出最可能是車牌字元目標的組合？我們依循的概略原則是：

第一、車牌字元目標應該是影像中對比較明顯的目標，所以我們搜尋的優先次序都是按照它們的 ID 屬性。

第二、車牌字元是群聚在一起，還概略水平的，所以相隔太遠的目標當然不會被視為同組。

按照這兩個原則，我們可以建立一個很簡單的搜尋副程式 AlignTgs 如下，此副程式饋入的參數是所有合格目標的集合 C。

```
//找車牌字元目標群組
Rectangle rec; //收集目標範圍框
private ArrayList AlignTgs(ArrayList C)
{
    ArrayList R = new ArrayList(); int pmx = 0;//最佳目標組合與最佳度比度
    for (int i = 0; i < C.Count; i++)
    {
        TgInfo T = (TgInfo)C[i];//核心目標
```

```csharp
            ArrayList D = new ArrayList(); int Dm = 0;//此輪搜尋的目標集合
            D.Add(T); Dm = T.pm;//加入搜尋起點目標
            //搜尋 X 範圍
            int x1 = (int)(T.cx - T.height * 2.5);
            int x2 = (int)(T.cx + T.height * 2.5);
            //搜尋 Y 範圍
            int y1 = (int)(T.cy - T.height * 1.5);
            int y2 = (int)(T.cy + T.height * 1.5);
            for (int j = 0; j < C.Count; j++)
            {
                if (i == j) continue;//與起點重複略過
                TgInfo G = (TgInfo)C[j];
                if (G.cx < x1) continue;
                if (G.cx > x2) continue;
                if (G.cy < y1) continue;
                if (G.cy > y2) continue;
                D.Add(G); Dm += G.pm;//合格目標加入集合
                if (D.Count >= 7) break;//目標蒐集個數已滿跳離迴圈
            }
            if (Dm > pmx)//對比度高於之前的目標集合
            {
                pmx = Dm; R = D;
                rec = new Rectangle(x1, y1, x2 - x1 + 1, y2 - y1 + 1);//搜尋範圍
            }
        }
        return R;
    }
```

　　此副程式會依序從最明顯的目標開始，以該目標為核心，假定它是車牌字元之一，在此目標周圍搜尋可能的目標，因為車牌是左右寬上下窄的，所以預設搜尋寬度是從目標中心點左右延伸此目標高度的 2.5 倍，上下則是只延伸 1.25 倍。凡是中心點在此範圍之內的目標就會被收進一個暫時的集合物件，當然還是按照目標對比度的順序，比較明顯的目標會先被收錄。

　　因為車牌字數是有上限的，在台灣是 7 個字，所以這個搜尋收編的過程，如果到達 7 個就應該立即停止(跳出迴圈)，再繼續找更多較不明顯的目標沒有意義。事實上如果碰到六碼車牌，可能搜完全圖也找不到七碼的組合。不論有沒有達到七碼，通常目標組合的對比度總和最大，就表示這個組合最明顯，也

最可能是車牌候選人！所以每一個組合的對比度總和就是比較哪個組合最好的重要依據。

下面是 Align 功能按鍵的程式碼，除了執行 AlignTgs 之外就是繪製結果了！最佳的輸出組合目標會被畫成紅色，中心目標則畫成實心的，搜尋區範圍以綠色方框顯示。

```csharp
//找車牌字元目標群組
private void AlignToolStripMenuItem_Click(object sender, EventArgs e)
{
    ArrayList R = AlignTgs(C); //找到最多七個的字元目標
    Bitmap bmp = (Bitmap)Mb.Clone();
    for (int k = 0; k < R.Count; k++)
    {
        TgInfo T = (TgInfo)R[k];
        if (k == 0)//搜尋的中心目標畫成實心
        {
            for (int i = T.xmn; i <= T.xmx; i++)
            {
                for (int j = T.ymn; j <= T.ymx; j++)
                {
                    if (Z[i, j] == 1) bmp.SetPixel(i, j, Color.Red);
                }
            }
        }
        else//畫輪廓
        {
            for (int m = 0; m < T.P.Count; m++)
            {
                Point p = (Point)T.P[m];
                bmp.SetPixel(p.X, p.Y, Color.Red);
            }
        }
    }
    Graphics Gr = Graphics.FromImage(bmp);//繪製搜尋區
    Gr.DrawRectangle(Pens.Lime, rec);
    PictureBox1.Image = bmp;
}
```

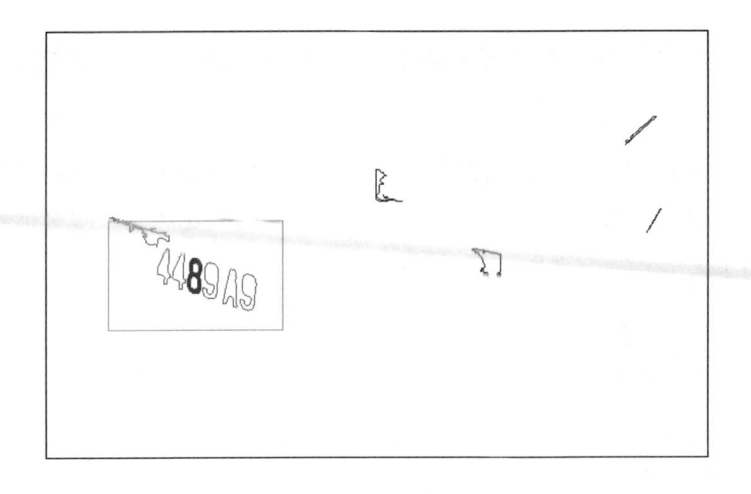

上圖就是程式執行的結果，唯一的錯誤是左上角的目標多了一個！因為我們無法事先知道會看到幾碼的車牌，所以當然是先收集到最多可能的 7 個目標，但是在此例中實際上只有 6 碼，剛好某些光影造成的假目標也在搜尋範圍之內，那怎麼辦？先點選一下這個目標，看看錯誤目標的屬性，你就會有靈感了！

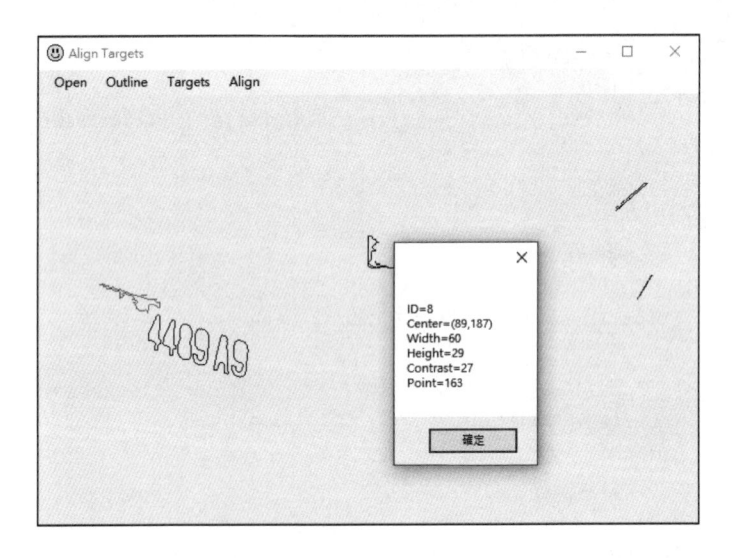

很明顯的，它的寬高形狀與可能的字元差很多，對比度其實也比真的字元低，一般人「一看」就知道不是車牌字元，但我們要怎麼把這個辨識能力變成程式呢？只要在搜尋目標組合時加上以下兩行程式即可：

```
if (G.width > T.height) continue;//目標寬度太大略過
if (G.height > T.height * 1.5) continue;//目標高度太大略過
```

就是如果某目標的寬度比核心字元目標的高度還大時，就不可能是正常字元，應予排除。高度如果大於核心目標的 1.5 倍高，也是明顯不符規格，要排除。寫這些這些寬高排除條件時一定要記得目標文字中可能有「1」或「I」這種很窄的字元，所以一般來說**不要隨便用目標寬度做比較的基準**，而是要用比較可靠的字元高度為基準，因為每一個字元的高度不會差很多，寬度就會！加入上述條件之後的辨識結果就會變正確了：

當然，在實際環境影像中甚麼怪事都可能發生！一些奇奇怪怪的雜訊目標都可能混進你的決選名單，所以我賣的商用軟體中，針對排除這些意外的程式不是只有**兩行**，而是有**好幾十行**！就是當你發現這類偷渡客時，就要看它們和合理的字元之間有何差異？如果找到明確的差異特徵，就可以據以寫條件式來把關了！你的程式可以排除越多這種偷渡客，辨識錯誤就會越少，軟體看起來就變聰明了！

完整專案

```csharp
using System;
using System.Collections;
using System.Collections.Generic;
using System.ComponentModel;
using System.Data;
using System.Diagnostics.Eventing.Reader;
using System.Drawing;
using System.Linq;
using System.Text;
using System.Threading.Tasks;
using System.Windows.Forms;

namespace CsRGBshow
{
    public partial class Form1 : Form
    {
        public Form1()
        {
            InitializeComponent();
        }
        byte[,] B; //灰階陣列
        byte[,] Z; //二值化陣列
        byte[,] Q; //輪廓線陣列
        int Gdim = 40; //計算區域亮度區塊的寬與高
        int[,] Th; //每一區塊的平均亮度,二值化門檻值
        ArrayList C; //目標物件集合
        Bitmap Mb; //底圖副本
        FastPixel f = new FastPixel(); //宣告快速繪圖物件

        //開啟影像
        private void OpenToolStripMenuItem_Click(object sender, EventArgs e)
        {
            if (OpenFileDialog1.ShowDialog() == DialogResult.OK)
            {
                Bitmap bmp = new Bitmap(OpenFileDialog1.FileName);
                f.Bmp2RGB(bmp); //讀取 RGB 亮度陣列
                B = f.Gv; //以綠光為灰階
                PictureBox1.Image = bmp;
            }
        }
```

```csharp
//輪廓圖
private void OutlineToolStripMenuItem_Click(object sender, EventArgs e)
{
    Z = DoBinary(B);
    Q = Outline(Z);
    PictureBox1.Image = f.BWImg(Q);
}
//二值化
private byte[,] DoBinary(byte[,] b)
{
    Th = ThresholdBuild(b);
    Z = new byte[f.nx, f.ny];
    for (int i = 1; i < f.nx - 1; i++)
    {
        int x = i / Gdim;
        for (int j = 1; j < f.ny - 1; j++)
        {
            int y = j / Gdim;
            if (f.Gv[i, j] < Th[x, y])
            {
                Z[i, j] = 1;
            }
        }
    }
    return Z;
}
//門檻值陣列建立
private int[,] ThresholdBuild(byte[,] b)
{
    int kx = f.nx / Gdim, ky = f.ny / Gdim;
    Th = new int[kx, ky];
    //累計各區塊亮度值總和
    for (int i = 0; i < f.nx; i++)
    {
        int x = i / Gdim;
        for (int j = 0; j < f.ny; j++)
        {
            int y = j / Gdim;
            Th[x, y] += f.Gv[i, j];
        }
    }
    for (int i = 0; i < kx; i++)
    {
```

```csharp
            for (int j = 0; j < ky; j++)
            {
                Th[i, j] /= Gdim * Gdim;
            }
        }
        return Th;
    }
    //建立輪廓點陣列
    private byte[,] Outline(byte[,] b)
    {
        byte[,] Q = new byte[f.nx, f.ny];
        for (int i = 1; i < f.nx - 1; i++)
        {
            for (int j = 1; j < f.ny - 1; j++)
            {
                if (b[i, j] == 0) continue;
                if (b[i - 1, j] == 0) { Q[i, j] = 1; continue; }
                if (b[i + 1, j] == 0) { Q[i, j] = 1; continue; }
                if (b[i, j - 1] == 0) { Q[i, j] = 1; continue; }
                if (b[i, j + 1] == 0) { Q[i, j] = 1; }
            }
        }
        return Q;
    }
    //建立合格目標集合
    private void TargetsToolStripMenuItem_Click(object sender, EventArgs e)
    {
        C = getTargets(Q);
        //繪製有效目標
        Bitmap bmp = new Bitmap(f.nx, f.ny);
        for (int k = 0; k <= 10; k++)
        {
            TgInfo T = (TgInfo)C[k];
            for (int m = 0; m < T.P.Count; m++)
            {
                Point p = (Point)T.P[m];
                bmp.SetPixel(p.X, p.Y, Color.Black);
            }
        }
        PictureBox1.Image = bmp;
        Mb = (Bitmap)bmp.Clone();
    }
    //選取特定目標顯示資訊
```

```csharp
private void PictureBox1_MouseDown(object sender, MouseEventArgs e)
{
    if (Mb == null) return;
    if (e.Button == MouseButtons.Left)
    {
        int m = -1;
        for (int k = 0; k < C.Count; k++)
        {
            TgInfo T = (TgInfo)C[k];
            if (e.X < T.xmn) continue;
            if (e.X > T.xmx) continue;
            if (e.Y < T.ymn) continue;
            if (e.Y > T.ymx) continue;
            m = k; break;
        }
        if (m >= 0)
        {
            Bitmap bmp = (Bitmap)Mb.Clone();
            TgInfo T = (TgInfo)C[m];
            for (int n = 0; n < T.P.Count; n++)
            {
                Point p = (Point)T.P[n];
                bmp.SetPixel(p.X, p.Y, Color.Red);
            }
            PictureBox1.Image = bmp;
            //指定目標的資訊
            string S = "ID=" + T.ID.ToString();
            S += "\n\r" + "Center=(" + T.cx.ToString() + "," + T.cy.ToString() + ")";
            S += "\n\r" + "Width=" + T.width.ToString();
            S += "\n\r" + "Height=" + T.height.ToString();
            S += "\n\r" + "Contrast=" + T.pm.ToString();
            S += "\n\r" + "Point=" + T.np.ToString();
            MessageBox.Show(S);
        }
    }
}
//找車牌字元目標群組
private void AlignToolStripMenuItem_Click(object sender, EventArgs e)
{
    ArrayList R = AlignTgs(C); //找到最多七個的字元目標
    Bitmap bmp = (Bitmap)Mb.Clone();
    for (int k = 0; k < R.Count; k++)
```

```csharp
        {
            TgInfo T = (TgInfo)R[k];
            if (k == 0)//搜尋的中心目標畫成實心
            {
                for (int i = T.xmn; i <= T.xmx; i++)
                {
                    for (int j = T.ymn; j <= T.ymx; j++)
                    {
                        if (Z[i, j] == 1) bmp.SetPixel(i, j, Color.Red);
                    }
                }
            }
            else//畫輪廓
            {
                for (int m = 0; m < T.P.Count; m++)
                {
                    Point p = (Point)T.P[m];
                    bmp.SetPixel(p.X, p.Y, Color.Red);
                }
            }
        }
        Graphics Gr = Graphics.FromImage(bmp);//繪製搜尋區
        Gr.DrawRectangle(Pens.Lime, rec);
        PictureBox1.Image = bmp;
}
//儲存影像
private void SaveImageToolStripMenuItem_Click(object sender, EventArgs e)
{
    if (SaveFileDialog1.ShowDialog() == DialogResult.OK)
    {
        PictureBox1.Image.Save(SaveFileDialog1.FileName);
    }
}

//以輪廓點建立目標陣列,排除負目標
int minHeight = 20, maxHeight = 80;//有效目標高度範圍
int minWidth = 2, maxWidth = 80;//有效目標寬度範圍
int Tgmax = 20;//進入決選範圍的最明顯目標上限
private ArrayList getTargets(byte[,] q)
{
    ArrayList A = new ArrayList();
    byte[,] b = (byte[,])q.Clone();//建立輪廓點陣列副本
    for (int i = 1; i < f.nx - 1; i++)
```

```csharp
{
    for (int j = 1; j < f.ny - 1; j++)
    {
        if (b[i, j] == 0) continue;
        TgInfo G = new TgInfo();
        G.xmn = i; G.xmx = i; G.ymn = j; G.ymx = j; G.P = new ArrayList();
        ArrayList nc = new ArrayList();//每一輪搜尋的起點集合
        nc.Add(new Point(i, j)); //輸入之搜尋起點
        G.P.Add(new Point(i, j));
        b[i, j] = 0;//清除此起點之輪廓點標記
        do
        {
            ArrayList nb = (ArrayList)nc.Clone();//複製此輪之搜尋起點集合
            nc = new ArrayList();//清除準備蒐集下一輪搜尋起點之集合
            for (int m = 0; m < nb.Count; m++)
            {
                Point p = (Point)nb[m];//搜尋起點
                //在此點周邊 3X3 區域內找輪廓點
                for (int ii = p.X - 1; ii <= p.X + 1; ii++)
                {
                    for (int jj = p.Y - 1; jj <= p.Y + 1; jj++)
                    {
                        if (b[ii, jj] == 0) continue;//非輪廓點忽略
                        Point k = new Point(ii, jj);//建立點物件
                        nc.Add(k);//本輪搜尋新增的輪廓點
                        G.P.Add(k);//點集合
                        G.np += 1;
                        if (ii < G.xmn) G.xmn = ii;
                        if (ii > G.xmx) G.xmx = ii;
                        if (jj < G.ymn) G.ymn = jj;
                        if (jj > G.ymx) G.ymx = jj;
                        b[ii, jj] = 0;//清除輪廓點標記
                    }
                }
            }
        } while (nc.Count > 0);//此輪搜尋有新發現輪廓點時繼續搜尋
        if (Z[i - 1, j] == 1) continue;//排除白色區塊的負目標,起點左邊是黑點
        G.width = G.xmx - G.xmn + 1;//寬度計算
        G.height = G.ymx - G.ymn + 1;//高度計算
        //以寬高大小篩選目標
        if (G.height < minHeight) continue;
        if (G.height > maxHeight) continue;
        if (G.width < minWidth) continue;
```

```csharp
            if (G.width > maxWidth) continue;
            G.cx = (G.xmn + G.xmx) / 2; G.cy = (G.ymn + G.ymx) / 2; //中心點
            //計算目標的對比度
            for (int m = 0; m < G.P.Count; m++)
            {
                int pm = PointPm((Point)G.P[m]);
                if (pm > G.pm) G.pm = pm;//最高對比度的輪廓點
            }
            A.Add(G);//加入有效目標集合
        }
    }
    //以對比度排序
    for (int i = 0; i <= Tgmax; i++)
    {
        if (i > A.Count - 1) break;
        for (int j = i + 1; j < A.Count; j++)
        {
            TgInfo T = (TgInfo)A[i], G = (TgInfo)A[j];
            if (T.pm < G.pm)//互換位置,高對比目標在前
            {
                A[i] = G; A[j] = T;
            }
        }
    }
    //取得 Tgmax 個最明顯的目標輸出
    C = new ArrayList();
    for (int i = 0; i < Tgmax; i++)
    {
        if (i > A.Count - 1) break;//超過總目標數
        TgInfo T = (TgInfo)A[i]; T.ID = i;//建立以對比度排序的序號
        C.Add(T);
    }
    return C; //回傳目標物件集合
}
//輪廓點與背景的對比度
private int PointPm(Point p)
{
    int x = p.X, y = p.Y, mx = B[x, y];
    if (mx < B[x - 1, y]) mx = B[x - 1, y];
    if (mx < B[x + 1, y]) mx = B[x + 1, y];
    if (mx < B[x, y - 1]) mx = B[x, y - 1];
    if (mx < B[x, y + 1]) mx = B[x, y + 1];
    return mx - B[x, y];
```

```
            }
            //找車牌字元目標群組
            Rectangle rec; //收集目標範圍框
            private ArrayList AlignTgs(ArrayList C)
            {
                ArrayList R = new ArrayList(); int pmx = 0;//最佳目標組合與最佳度比度
                for (int i = 0; i < C.Count; i++)
                {
                    TgInfo T = (TgInfo)C[i];//核心目標
                    ArrayList D = new ArrayList(); int Dm = 0;//此輪搜尋的目標集合
                    D.Add(T); Dm = T.pm;//加入搜尋起點目標
                    //搜尋 X 範圍
                    int x1 = (int)(T.cx - T.height * 2.5);
                    int x2 = (int)(T.cx + T.height * 2.5);
                    //搜尋 Y 範圍
                    int y1 = (int)(T.cy - T.height * 1.5);
                    int y2 = (int)(T.cy + T.height * 1.5);
                    for (int j = 0; j < C.Count; j++)
                    {
                        if (i == j) continue;//與起點重複略過
                        TgInfo G = (TgInfo)C[j];
                        if (G.cx < x1) continue;
                        if (G.cx > x2) continue;
                        if (G.cy < y1) continue;
                        if (G.cy > y2) continue;
                        if (G.width > T.height) continue;//目標寬度太大略過
                        if (G.height > T.height * 1.5) continue;//目標高度太大略過
                        D.Add(G); Dm += G.pm;//合格目標加入集合
                        if (D.Count >= 7) break;//目標蒐集個數已滿跳離迴圈
                    }
                    if (Dm > pmx)//對比度高於之前的目標集合
                    {
                        pmx = Dm; R = D;
                        rec = new Rectangle(x1, y1, x2 - x1 + 1, y2 - y1 + 1);//搜尋範圍
                    }
                }
                return R;
            }
        }
    }
```

MEMO

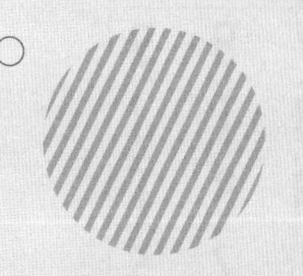

06
CHAPTER

字模製作
與目標比對

CHECK POINT

6-1　建立車牌字模圖檔

6-2　字模建立與比對示範的專案

6-3　用影像載入字模

6-4　建立字模的二進位檔案

6-5　以資源檔案方式匯入專案

6-6　字模比對的示範

6-7　有關此章內容的討論

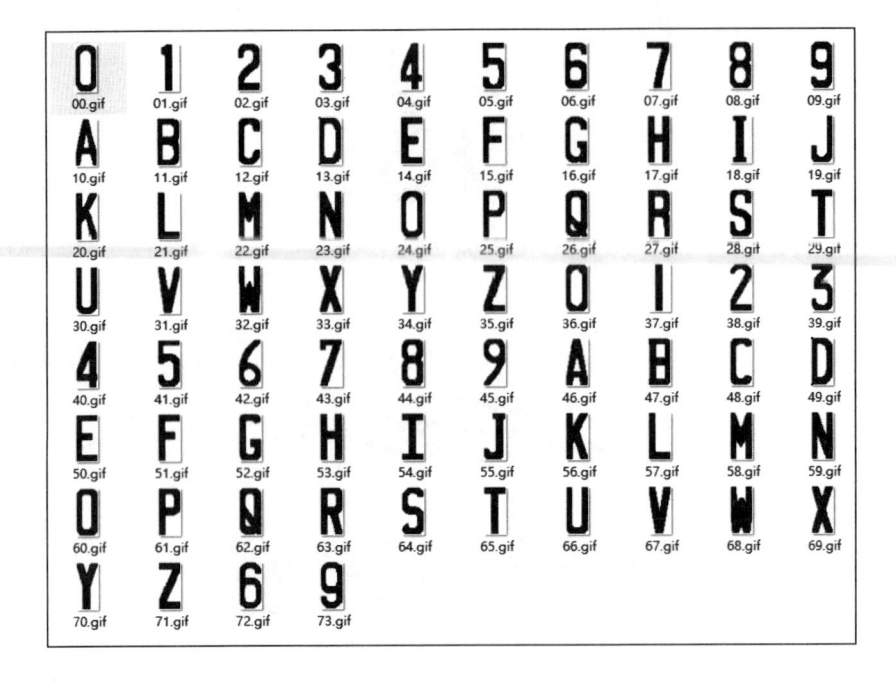

6-1 建立車牌字模圖檔

要知道影像目標到底是甚麼「**字**」？就必須建立標準答案的圖檔。本章將示範如何建立字模資料與比對字模的基本動作。首先是要製作標準的字模影像，如果你可以找到監理單位公布的標準字型圖檔當然最好，但是據我所知，台灣的七碼車牌是有公告標準字型，六碼的卻沒有！所以你只能找六碼的車牌影像，自己用影像編輯軟體如 PhotoShop 去切割製作出你要的個別字元的標準影像。

首先你要自訂標準字模的大小，台灣車牌的標準字型都是寬高比 1:2，本書設定的字寬為 25 點，字高為 50 點。當你切出字元影像之後，必須重新取樣，在**不鎖定長寬比**的條件下，讓圖檔變成 25×50 的大小。因為作字模比對時通常已是二值化影像，所以建議將影像二值化變成黑白圖，並以 BMP、GIF 或 PNG 的格式儲存。最不恰當的格式是 JPG，因為它的壓縮方式會讓字元輪廓變得模糊，不利於維持精準的字形，應該避免。

構會降低執行效率，也會讓程式因為導入資料庫相關元件而變得較為笨重，直接以檔案匯入會較為精簡有效率。

接下來是「**計算符合度**」的功能計算，看看目標與任何一個字模的相似度，我們都會詳細示範如何實作。

6-3 用影像載入字模

首先請宣告以下的全域變數：

```
static int Pw = 25, Ph = 50; //字模的寬與高
byte[,,,] P = new byte[2, 36, Pw, Ph]; //六與七碼車牌所有英數字二值化陣列
byte[,,] P69 = new byte[2, Pw, Ph]; //變形的六碼車牌6與9字型
byte[,] A = new byte[Pw, Ph], B = new byte[Pw, Ph]; //待比對的字模與目標二值化陣列
```

其中 P[0,36,x,y] 是對應到 36 個標準六碼字型，P[2,36,x,y] 是七碼字型，P69 則是兩個例外字型。前一節提到，字型例外是常見的意外，所以此地特別示範如何應對，如果你又發現了另一個常見的例外，可以自己新增一個字模，然後在此擴編 P69 陣列即可。接下來是載入圖檔將資訊寫入以上陣列的程式碼，就是「**用影像載入字模**」的功能按鍵，我們是將所有圖檔集中於一個目錄，所以是從選擇目錄開啟的動作為起始的。

```
//用影像載入字模
private void Button1_Click(object sender, EventArgs e)
{
    if (FolderBrowserDialog1.ShowDialog() == DialogResult.OK)
    {
        string d = FolderBrowserDialog1.SelectedPath;
        for (int k = 0; k < 36; k++)
        {
            //六碼字型
            string kk = k.ToString();
            if (kk.Length == 1) kk = "0" + kk;
            Bitmap b6 = new Bitmap(d + "\\" + kk + ".gif");
            for (int j = 0; j < Ph; j++)
            {
```

```csharp
            for (int i = 0; i < Pw; i++)
            {
                Color C = b6.GetPixel(i, j);
                if (C.R < 128) P[0, k, i, j] = 1;//黑點
            }
        }
        //七碼字型
        kk = (k + 36).ToString();
        Bitmap b7 = new Bitmap(d + "\\" + kk + ".gif");
        for (int j = 0; j < Ph; j++)
        {
            for (int i = 0; i < Pw; i++)
            {
                Color C = b7.GetPixel(i, j);
                if (C.R < 128) P[1, k, i, j] = 1;//黑點
            }
        }
    }
    //六碼變形的69字型
    for (int k = 72; k < 74; k++)
    {
        Bitmap b69 = new Bitmap(d + "\\" + k.ToString() + ".gif");
        for (int j = 0; j < Ph; j++)
        {
            for (int i = 0; i < Pw; i++)
            {
                Color C = b69.GetPixel(i, j);
                if (C.R < 128) P69[k - 72, i, j] = 1;//黑點
            }
        }
    }
}
```

　　基本上就是一一打開每一張圖檔，讀取每一個畫素，明顯偏黑的點就定義為字模陣列中的 "1" 值，其他的就是 "0" 了！此時我們當然想驗證一下載入是不是正確成功？就可以依序點選 ListBox1 與 ListBox2 來選擇顯示指定字模畫到 PictureBox1 上了！

```csharp
//選擇字模
private void ListBox1_SelectedIndexChanged(object sender, EventArgs e)
{
    int knd = ListBox2.SelectedIndex;//六或七碼
    if (knd < 0) return;//未選擇
    int Sc = ListBox1.SelectedIndex;//選擇的字元
    if (Sc < 0) return;//未選擇
    if (knd == 1 && Sc > 35) return;//七碼車牌字元無變形的 69
    B = new byte[Pw, Ph];
    for (int i = 0; i < Pw; i++)
    {
        for (int j = 0; j < Ph; j++)
        {
            if (knd == 0)//六碼字型
            {
                if (Sc <= 35)
                {
                    B[i, j] = P[0, Sc, i, j];
                }
                else
                {
                    B[i, j] = P69[Sc - 36, i, j];
                }
            }
            else//七碼字型
            {
                B[i, j] = P[1, Sc, i, j];
            }
        }
    }
    PictureBox1.Image = f.BWImg(B);//顯示字模影像
}
```

這個過程其實就是將每個字模的二值化陣列重新繪製成影像,應該不難理解。執行畫面大致如下:

影像辨識實務應用－使用 C#

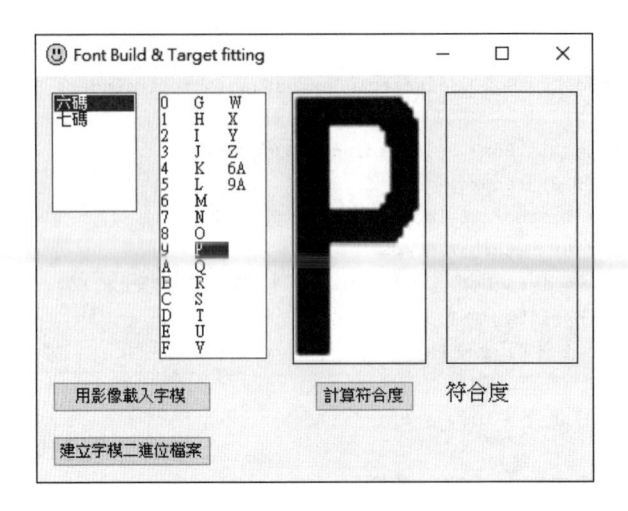

6-4 建立字模的二進位檔案

　　如果每次開啟車牌辨識軟體，都要匯入解讀這麼多圖檔，當然是很沒效率的，我們也不是真的需要它們以圖檔的方式呈現，只是需要那些二值化的陣列資料而已。所以合理的方式是將它們當作**資料庫**的概念，以資料檔案的方式一開啟程式就自動載入。首先必須先製作出包含所有字模二維陣列資料的二進位檔案，就是「**建立字模二進位檔案**」的按鍵功能，程式碼如下：

```
//建立字模二進位檔案
private void Button2_Click(object sender, EventArgs e)
{
    if (SaveFileDialog1.ShowDialog() == DialogResult.OK)
    {
        if (System.IO.File.Exists(SaveFileDialog1.FileName))
        {
            System.IO.File.Delete(SaveFileDialog1.FileName);
        }
    }
    //寫出六與七碼字模
    byte[] x = new byte[Pw * Ph * (36 * 2 + 2)];
    int n = 0;
    //六與七碼字模
    for (int m = 0; m < 2; m++)
    {
```

6-8

CHAPTER **06** 字模製作與目標比對

為了之後程式操作的方便，建議像上圖的方式依序命名，就是六碼字形 0-9，A-Z，接著是七碼字型的 0-9 與 A-Z，總共應該是 00-71 有 72 個字元圖檔。那為何最後又會多出 6 與 9 兩個字呢？原因是六碼車牌的 6 與 9 字常出現圓圈部分特別大的變形，導致用標準的 6 與 9 比對時符合度偏低，因此有必要加入這兩個變形字模。

6 9

這種字形例外的情況在車排辨識時不時會發生，本公司曾經承做過香港車牌的辨識，字形混亂的情況就任人咋舌！因為車牌畢竟不是監理單位自行開模生產製作的，有些國家地區甚至是車主自己找不同的廠商製作的！雖然監理單位應該都會公告字型與車牌大小比例等規範，但不保證每一家廠商都會嚴格遵守！當他們作的車牌略有不同，導致辨識軟體失誤時，車主與製造商是不會被開罰單的！

所以我們這些作辨識軟體的就必須**有例外處理的能力與機制**，不然要作出商業化產品就難了！簡單說，就是同一個字元在實際案例中，難免會出現筆畫位置明顯有差異的字型，此時我們只能為它們建立額外的字型，正常的 6 字模比對起來不像，還要用變形版的 6 再比對一次，如果符合的話答案也算 6，寫程式時就是變成例外的處理程序。

本書範例中刻意將此變形的 6 與 9 加入，就是希望大家學會如何在遭遇這種例外時可以彈性的增加字模，以提高辨識成功率！

6-2 字模建立與比對示範的專案

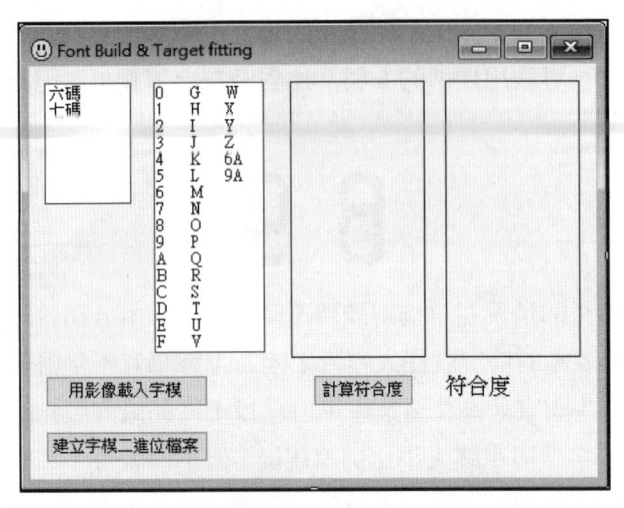

　　請開啟一個程式專案，建立如上的介面，上排左第一與第二個方框都是 ListBox 物件，用於雙層次選取字模資料顯示之用，第二個 ListBox 的 MultiColumn 屬性設為 True，ColumnWidth 屬性設為 25 點，就可以呈現多行的畫面不必一直拉捲軸了！上排右方是兩個 PictueBox，分別用來顯示字模與等待比對的目標影像，我們還需要開關檔案與目錄的三個對話方塊 FolderBrowserDialog1、OpenFileDialog1 與 SaveFileDialog1 等。

　　這個專案首先將匯入我們製作的字元圖檔，就是「**用影像載入字模**」的那個按鍵功能，將其建立為二值化的 0 與 1 的陣列，1 代表目標，0 代表背景。接下來會「**建立字模二進位檔案**」就是將所有二值化陣列以位元組的方式集結成單一的二進位檔案匯出。

　　在此之後任何專案需要字模資料時，就不必再載入這麼多圖檔，直接將匯出的二進位檔案當作專案資源檔匯入專案即可。內行的讀者可能會問：怎麼不是用資料庫的方式處理？原因是字模資料量其實很小，如果刻意使用資料庫架

```
            for (int k = 0; k < 36; k++)
            {
                for (int j = 0; j < Ph; j++)
                {
                    for (int i = 0; i < Pw; i++)
                    {
                        x[n] = P[m, k, i, j]; n += 1;
                    }
                }
            }
        }
        //六碼變形 69 字模
        for (int k = 0; k < 2; k++)
        {
            for (int j = 0; j < Ph; j++)
            {
                for (int i = 0; i < Pw; i++)
                {
                    x[n] = P69[k, i, j]; n += 1;
                }
            }
        }
        //寫出檔案
        System.IO.File.WriteAllBytes(SaveFileDialog1.FileName, x);
    }
```

6-5 以資源檔案方式匯入專案

不管你用甚麼檔名在上一節製作出一個檔案，請將此檔以**資源檔案**的方式加入本專案！在 My Project 專案屬性頁加入現有檔案，並將此資源命名為 font：

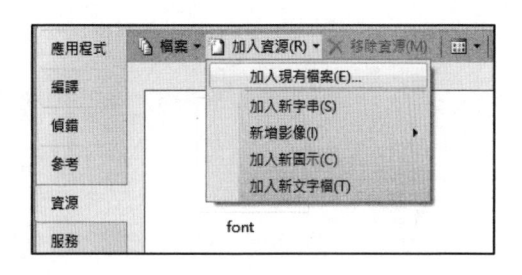

接下來在 Form_Load 事件中載入這個資源，為了方便後續專案使用，我們將載入動作獨立寫成一個副程式，程式碼如下：

```csharp
//程式啟動載入字模
private void Form1_Load(object sender, EventArgs e)
{
    FontLoad();
}
//載入字模
private void FontLoad()
{
    byte[] q = Properties.Resources.font;
    int n = 0;
    for (int m = 0; m < 2; m++)
    {
        for (int k = 0; k < 36; k++)
        {
            for (int j = 0; j < Ph; j++)
            {
                for (int i = 0; i < Pw; i++)
                {
                    P[m, k, i, j] = q[n]; n += 1;
                }
            }
        }
    }
    for (int k = 0; k < 2; k++)
    {
        for (int j = 0; j < Ph; j++)
        {
            for (int i = 0; i < Pw; i++)
            {
                P69[k, i, j] = q[n]; n += 1;
            }
        }
    }
}
```

這個副程式是建構二進位檔案的逆運算，將所有資料倒回 P 與 P69 兩個陣列。此時再次執行專案，你就不再需要匯入圖檔，可以直接選擇顯示出各個字模的圖案了！如果是可以辨識非常多種字型與文字的 OCR 軟體，通常資料庫很大，但是車牌辨識的字元與字型有限，我們用這種資源檔案的方式就可以很容易讓程式自動取得需要的基本資料。後續的專案只要保留這個字模檔案載入為資源檔，開程式時用 FontLoad 副程式「解碼」即可。

6-6 字模比對的示範

不管你用甚麼檔名在上一節製作出一個檔案，請將此檔以資源檔案的方式加入本專案！在 My Project 專案屬性頁加入現有檔案，並將此資源命名為 font：

上圖是我用小畫家畫出與字模檔案同樣大小的圖檔，請寫 PictureBox2_Click 的事件副程式載入這個檔案，並選擇六碼車牌的標準 2 字，準備讓此手繪的 2 與字模作符合度的對比，程式碼如下：

```
//載入比對目標
private void PictureBox2_Click(object sender, EventArgs e)
{
    if (OpenFileDialog1.ShowDialog() == DialogResult.OK)
    {
        Bitmap m = new Bitmap(OpenFileDialog1.FileName);
        PictureBox2.Image = m;
        A = new byte[Pw, Ph];//待比對的目標二值化陣列
        for (int j = 0; j < Ph; j++)
        {
            for (int i = 0; i < Pw; i++)
            {
                Color C = m.GetPixel(i, j);
                if (C.R < 127) A[i, j] = 1;//黑點
            }
        }
    }
}
```

請注意到,在載入 PicturBox1 與 PictureBox2 兩個影像時,我們已經順便建立好了兩者的二值化陣列 B 與 A,要計算兩者有多像?只要比對它們的黑白點有多符合即可,「**計算符合度**」這個功能按鍵就是想建立一種最簡單的符合度計算方式。原始想法是以字模的總黑點數為分母,這些黑點中與目標陣列的黑點符合的個數為分子,兩者的百分比就是此處定義的符合度了!

但是這種作法是有漏洞的!譬如你要比對的目標其實是 T 時,如果以字模 1 或 I 去比對,符合度也是接近百分百的!又如 P 字用 F 去比對也會「非常符合」!要避免這種狀況就必須有**扣分**機制,就是當字模為白點但目標為黑點時表示「**不符合**」必須扣點。按此邏輯設計之程式碼與執行結果如下:

```
//執行字模比對
private void Button3_Click(object sender, EventArgs e)
{
    int n0 = 0;//字模黑點數
    int nf = 0;//符合的黑點數
    for (int j = 0; j < Ph; j++)
    {
        for (int i = 0; i < Pw; i++)
        {
            if (B[i, j] == 0)
            {
                if (A[i, j] == 1) nf -= 1;
            }
            else
            {
                n0 += 1;//字模黑點數累計
                if (A[i, j] == 1) nf += 1;//目標與字模符合點數
            }
        }
    }
    int pc = nf * 1000 / n0;//符合點數千分比
    Label1.Text = pc.ToString();
}
```

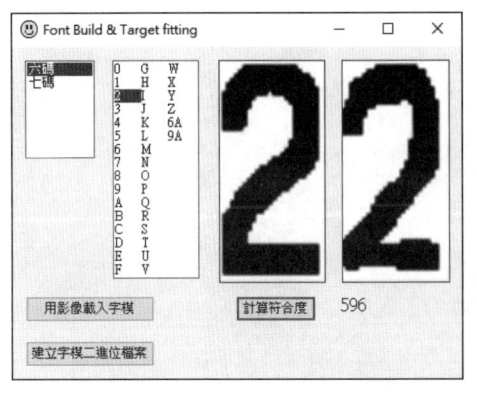

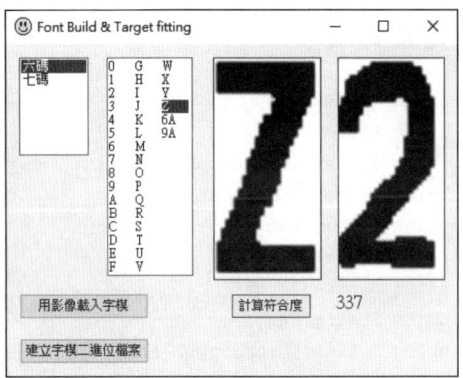

6-7 有關此章內容的討論

　　本章可以說是在製作車牌辨識的最終字元的標準答案，與符合度的計分方式，這部分與前後兩章都沒有直接關係。前一章我們已經介紹了如何找到車牌字元目標的群組，下一章開始會進一步介紹如何讓它們的形狀轉正到可以和字模比對。建議大家保留此專案當作**工具程式**，隨時可用於**調整字模圖檔重建資料**，或比對實測資料中的目標與字模的符合度。

　　坦白說，我們銷售中的商業軟體，不論是字模建立的方式，或比對計分的演算法都比此地介紹的內容複雜精緻很多！原因主要是為了**強化抗模糊能力**，就是提升當目標扭曲、破碎或變形時的辨識能力！譬如 B 與 8 很像，我們會有額外的加權計分，譬如尖銳轉角的會傾向是 B，圓角的傾向是 8 等等。

　　這部份我們將不會在本書詳述，原因不完全是為了商業機密，而是那些額外程式太過瑣碎複雜，不太具有教學的價值意義。本書的目的是想讓大家知道最主要的影像辨識實作的核心流程，建立「**我也做得到**」的信心！但如果你想要辨識更準，搞定更多在可正確辨識邊緣的不完美影像，就還需要持續努力，在計分方式等方面作更多嘗試實驗與研究，羅馬不是一天造成的！但是影像辨識的主要梁柱我一定會幫讀者建立好！

完整專案

```csharp
using CsRGBshow;
using System;
using System.Collections.Generic;
using System.ComponentModel;
using System.Data;
using System.Drawing;
using System.Linq;
using System.Text;
using System.Threading.Tasks;
using System.Windows.Forms;

namespace CsFontBuild
{
    public partial class Form1 : Form
    {
        public Form1()
        {
            InitializeComponent();
        }
        static int Pw = 25, Ph = 50; //字模的寬與高
        byte[,,,] P = new byte[2, 36, Pw, Ph]; //六與七碼車牌所有英數字二值化陣列
        byte[,,] P69 = new byte[2, Pw, Ph]; //變形的六碼車牌6與9字型
        byte[,] A = new byte[Pw, Ph], B = new byte[Pw, Ph]; //待比對的字模與目標二值化陣列
        FastPixel f = new FastPixel(); //宣告快速影像處理物件
        //選擇字模
        private void ListBox1_SelectedIndexChanged(object sender, EventArgs e)
        {
            int knd = ListBox2.SelectedIndex;//六或七碼
            if (knd < 0) return;//未選擇
            int Sc = ListBox1.SelectedIndex;//選擇的字元
            if (Sc < 0) return;//未選擇
            if (knd == 1 && Sc > 35) return;//七碼車牌字元無變形的69
            B = new byte[Pw, Ph];
            for (int i = 0; i < Pw; i++)
            {
                for (int j = 0; j < Ph; j++)
                {
                    if (knd == 0)//六碼字型
                    {
                        if (Sc <= 35)
                        {
                            B[i, j] = P[0, Sc, i, j];
```

```csharp
                }
                else
                {
                    B[i, j] = P69[Sc - 36, i, j];
                }
            }
            else//七碼字型
            {
                B[i, j] = P[1, Sc, i, j];
            }
        }
    }
    PictureBox1.Image = f.BWImg(B);//顯示字模影像
}
//載入比對目標
private void PictureBox2_Click(object sender, EventArgs e)
{
    if (OpenFileDialog1.ShowDialog() == DialogResult.OK)
    {
        Bitmap m = new Bitmap(OpenFileDialog1.FileName);
        PictureBox2.Image = m;
        A = new byte[Pw, Ph];//待比對的目標二值化陣列
        for (int j = 0; j < Ph; j++)
        {
            for (int i = 0; i < Pw; i++)
            {
                Color C = m.GetPixel(i, j);
                if (C.R < 127) A[i, j] = 1;//黑點
            }
        }
    }
}
//執行字模比對
private void Button3_Click(object sender, EventArgs e)
{
    int n0 = 0;//字模黑點數
    int nf = 0;//符合的黑點數
    for (int j = 0; j < Ph; j++)
    {
        for (int i = 0; i < Pw; i++)
        {
            if (B[i, j] == 0)
            {
                if (A[i, j] == 1) nf -= 1;
            }
```

```csharp
            else
            {
                n0 += 1;//字模黑點數累計
                if (A[i, j] == 1) nf += 1;//目標與字模符合點數
            }
        }
    }
    int pc = nf * 1000 / n0;//符合點數千分比
    Label1.Text = pc.ToString();
}
//用影像載入字模
private void Button1_Click(object sender, EventArgs e)
{
    if (FolderBrowserDialog1.ShowDialog() == DialogResult.OK)
    {
        string d = FolderBrowserDialog1.SelectedPath;
        for (int k = 0; k < 36; k++)
        {
            //六碼字型
            string kk = k.ToString();
            if (kk.Length == 1) kk = "0" + kk;
            Bitmap b6 = new Bitmap(d + "\\" + kk + ".gif");
            for (int j = 0; j < Ph; j++)
            {
                for (int i = 0; i < Pw; i++)
                {
                    Color C = b6.GetPixel(i, j);
                    if (C.R < 128) P[0, k, i, j] = 1;//黑點
                }
            }
            //七碼字型
            kk = (k + 36).ToString();
            Bitmap b7 = new Bitmap(d + "\\" + kk + ".gif");
            for (int j = 0; j < Ph; j++)
            {
                for (int i = 0; i < Pw; i++)
                {
                    Color C = b7.GetPixel(i, j);
                    if (C.R < 128) P[1, k, i, j] = 1;//黑點
                }
            }
        }
        //六碼變形的69字型
        for (int k = 72; k < 74; k++)
        {
```

```csharp
            Bitmap b69 = new Bitmap(d + "\\" + k.ToString() + ".gif");
            for (int j = 0; j < Ph; j++)
            {
                for (int i = 0; i < Pw; i++)
                {
                    Color C = b69.GetPixel(i, j);
                    if (C.R < 128) P69[k - 72, i, j] = 1;//黑點
                }
            }
        }
    }
}
//建立字模二進位檔案
private void Button2_Click(object sender, EventArgs e)
{
    if (SaveFileDialog1.ShowDialog() == DialogResult.OK)
    {
        if (System.IO.File.Exists(SaveFileDialog1.FileName))
        {
            System.IO.File.Delete(SaveFileDialog1.FileName);
        }
        //寫出六與七碼字模
        byte[] x = new byte[Pw * Ph * (36 * 2 + 2)];
        int n = 0;
        //六與七碼字模
        for (int m = 0; m < 2; m++)
        {
            for (int k = 0; k < 36; k++)
            {
                for (int j = 0; j < Ph; j++)
                {
                    for (int i = 0; i < Pw; i++)
                    {
                        x[n] = P[m, k, i, j]; n += 1;
                    }
                }
            }
        }
        //六碼變形 69 字模
        for (int k = 0; k < 2; k++)
        {
            for (int j = 0; j < Ph; j++)
            {
                for (int i = 0; i < Pw; i++)
```

```
                    {
                        x[n] = P69[k, i, j]; n += 1;
                    }
                }
            }
            //寫出檔案
            System.IO.File.WriteAllBytes(SaveFileDialog1.FileName, x);
        }
        //程式啟動載入字模
        private void Form1_Load(object sender, EventArgs e)
        {
            FontLoad();
        }
        //載入字模
        private void FontLoad()
        {
            byte[] q = Properties.Resources.font;
            int n = 0;
            for (int m = 0; m < 2; m++)
            {
                for (int k = 0; k < 36; k++)
                {
                    for (int j = 0; j < Ph; j++)
                    {
                        for (int i = 0; i < Pw; i++)
                        {
                            P[m, k, i, j] = q[n]; n += 1;
                        }
                    }
                }
            }
            for (int k = 0; k < 2; k++)
            {
                for (int j = 0; j < Ph; j++)
                {
                    for (int i = 0; i < Pw; i++)
                    {
                        P69[k, i, j] = q[n]; n += 1;
                    }
                }
            }
        }
    }
}
```

07
CHAPTER

字元影像目標的正規化

CHECK POINT

7-1　為何需要正規化？

7-2　建立單一目標之二值化圖

7-3　旋轉目標

7-4　寬高正規化

7-5　完整車牌正規化的呈現

7-6　如何辨識車牌的分隔短線？

7-7　革命尚未成功，同志仍須努力

7-1 為何需要正規化？

　　本書介紹的車牌辨識流程，與大多數傳統車牌辨識的主要差異是：我們的處理單位是個別的**字元**目標，而非**整張車牌**，這其實比較接近標準的 OCR(光學影像辨識)作法，好處之一是：經由字元組的排列我們很容易掌握並修正車牌的傾斜角度。截至目前為止，多數市售的車牌辨識傾斜 10 度以上就無法辨識了！因此如何辨識較傾斜車牌？就很值得研究了！本章將以一個傾斜約 33 度的車牌作為示範，來展現這種辨識能力。

　　本章重點是盡量用可視化的過程，讓大家看到一個原始的字元目標，如何經過幾何運算變成與字模相同大小影像的過程！車牌字元原本當然是一樣大的，但是在立體空間攝影時，就會因為距離遠近與拍攝角度不同而產生變形，所以必須有此正規化的程序。具體來說，就是將字元目標先轉正，再縮放到標準字模的大小，以供比對符合度。

CHAPTER 07 字元影像目標的正規化

首先請複製第五章的程式專案至此修改,公用之全域變數須宣告如下:

```
byte[,] B; //灰階陣列
byte[,] Z; //二值化陣列
byte[,] Q; //輪廓線陣列
int Gdim = 40; //計算區域亮度區塊的寬與高
int[,] Th; //每一區塊的平均亮度,二值化門檻值
ArrayList C; //目標物件集合
TgInfo Tsel; //擇處理之目標
byte[,] Tbin; //擇處理之二值化陣列
static int Pw = 25, Ph = 50; //標準字模影像之寬與高
int mw = 0, mh = 0; //標準字元目標寬高
Array[] MC; //正規化完成後的字元二值化陣列
double Inc = 0; //車牌傾斜角度(>0 為順時針傾斜)
FastPixel f = new FastPixel(); //宣告快速繪圖物件
```

表單之主功能表應該包括:Open, Align, Rotate, Normalize, Correct All 與 Add Dash 等幾個按鍵。Open 按鍵功能與之前一樣不再覆述,Align 則是整合第五章之前的處理步驟,程式碼如下:

```
//找車牌字元目標群組
private void AlignToolStripMenuItem_Click(object sender, EventArgs e)
{
    Z = DoBinary(B); //二值化
    Q = Outline(Z); //建立輪廓點陣列
    C = getTargets(Q); //建立目標物件集合
    C = AlignTgs(C); //找到最多七個的字元目標群組
    //末字中心點與首字中心點的偏移量,斜率計算參數
    int n = C.Count;
    int dx = ((TgInfo)C[n - 1]).cx - ((TgInfo)C[0]).cx;
    int dy = ((TgInfo)C[n - 1]).cy - ((TgInfo)C[0]).cy;
    Inc = Math.Atan2((double)dy, (double)dx); //字元排列傾角
    //繪製有效目標
    Bitmap bmp = new Bitmap(f.nx, f.ny);
    for (int k = 0; k < C.Count; k++)
    {
        TgInfo T = (TgInfo)C[k];
        for (int m = 0; m < T.P.Count; m++)
        {
            Point p = (Point)T.P[m];
            bmp.SetPixel(p.X, p.Y, Color.Black);
```

7-3

```
            }
        }
        PictureBox1.Image = bmp;
    }
```

其中 AlignTgs 副程式需要加入左右排序的功能,當我們選擇群組時,是依據目標的對比度挑選的,但挑選出可能是車牌的字元後,那些目標應該以空間上從左到右的順序排列,才能依序組織出合理的車牌,程式碼如下:

```
//找車牌字元目標群組
private ArrayList AlignTgs(ArrayList C)
{
    ArrayList R = new ArrayList();//最佳目標組合與最佳度比度
    int pmx = 0;
    for (int i = 0; i < C.Count; i++)
    {
        TgInfo T = (TgInfo)C[i];//核心目標
        ArrayList D = new ArrayList(); int Dm = 0;//此輪搜尋的目標集合
        D.Add(T); Dm = T.pm;//加入搜尋起點目標
        int x1 = (int)(T.cx - T.height * 2.5);//搜尋 X 範圍
        int x2 = (int)(T.cx + T.height * 2.5);
        int y1 = (int)(T.cy - T.height * 1.5);//搜尋 Y 範圍
        int y2 = (int)(T.cy + T.height * 1.5);
        for (int j = 0; j < C.Count; j++)
        {
            if (i == j) continue;//與起點重複略過
            TgInfo G = (TgInfo)C[j];
            if (G.cx < x1) continue;
            if (G.cx > x2) continue;
            if (G.cy < y1) continue;
            if (G.cy > y2) continue;
            if (G.width > T.height) continue;//目標寬度太大略過
            if (G.height > T.height * 1.5) continue;//目標高度太大略過
            D.Add(G); Dm += G.pm;//合格目標加入集合
            if (D.Count >= 7) break;//目標蒐集個數已滿跳離迴圈
        }
        if (Dm > pmx)//對比度高於之前的目標集合
        {
            pmx = Dm; R = D;
        }
    }
```

```
    //目標群位置左右排序
    if (R.Count > 1)
    {
        int n = R.Count;
        for (int i = 0; i < n - 1; i++)
        {
            for (int j = i + 1; j < n; j++)
            {
                TgInfo Ti = (TgInfo)R[i], Tj = (TgInfo)R[j];
                if (Ti.cx > Tj.cx)
                {
                    R[i] = Tj; R[j] = Ti;
                }
            }
        }
    }
    return R;
}
```

執行此功能結果如下：

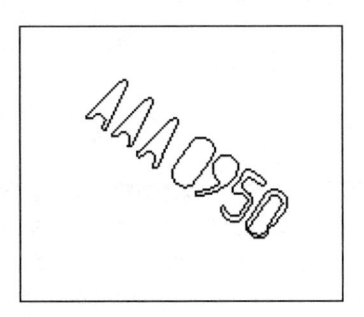

這段程式比第 5 幾章的 Align 多搭載了一個計算**車牌傾斜度** inc 的功能，作法是找到找到最左與最右目標的中心點，算出它們的垂直變化量 dy，與水平變化量 dx，再以反三角函數計算，稍後我們要將字元轉正時，就是依據這個參數了！因為需要重複使用，所以 inc 被定義為全域變數。

示意圖如右：

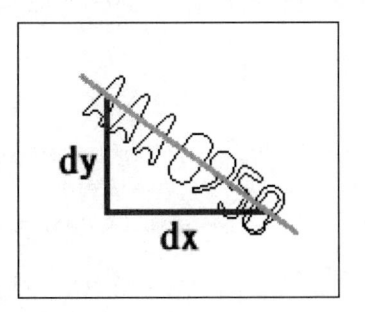

7-2 建立單一目標之二值化圖

因為我們是以單一字元目標為處理標的,所以先在 PicturBox1_MouseDown 事件中寫程式做選取動作,也順勢產生一個**只有該字元**的二值化矩陣,作為後續旋轉目標的基礎,程式碼與點選 A 字元後的結果如下:

```
//點選目標
private void PictureBox1_MouseDown(object sender, MouseEventArgs e)
{
    if (e.Button == MouseButtons.Left)
    {
        int m = -1;
        for (int k = 0; k < C.Count; k++)
        {
            TgInfo T = (TgInfo)C[k];
            if (e.X < T.xmn) continue;
            if (e.X > T.xmx) continue;
            if (e.Y < T.ymn) continue;
            if (e.Y > T.ymx) continue;
            m = k; break;//被點選目標
        }
        if (m >= 0)//有選取目標時
        {
            Tsel = (TgInfo)C[m];//點選之目標
            Tbin = new byte[f.nx, f.ny];//選取目標的二值化陣列
            for (int n = 0; n < Tsel.P.Count; n++)
            {
                Point p = (Point)Tsel.P[n];
                Tbin[p.X, p.Y] = 1;//起點
                //向右連通成實心影像
                int i = p.X + 1;
                while (Z[i, p.Y] == 1)
                {
                    Tbin[i, p.Y] = 1; i += 1;
                }
                //向左連通成實心影像
                i = p.X - 1;
                while (Z[i, p.Y] == 1)
                {
                    Tbin[i, p.Y] = 1; i -= 1;
```

```
            }
        }
        PictureBox1.Image = f.BWImg(Tbin);//繪製二值化圖
    }
  }
}
```

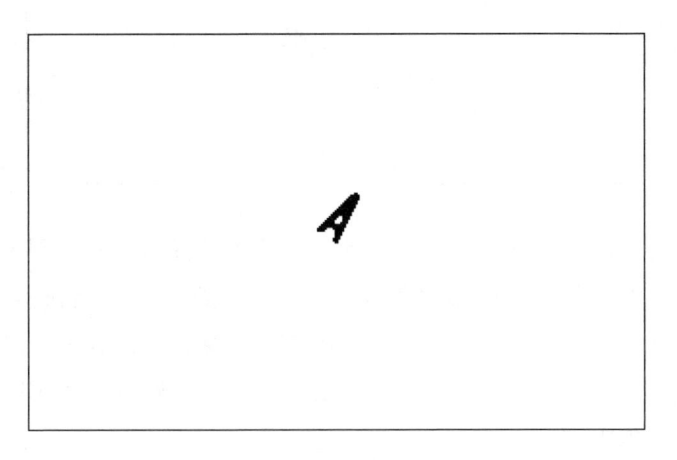

在此我們以輪廓點為基礎，再次將目標填滿為實心圖案，這是必須的！因為比對字模時還是必須以實心目標為基礎。那為何不用簡單一點的邏輯？就是**目標物件範圍內的所有黑點**呢？我們可以試試看改用以下程式碼建立二值化圖形：

```
for (int i = Tsel.xmn; i <= Tsel.xmx; i++)
{
    for (int j = Tsel.ymn; j <= Tsel.ymx; j++)
    {
        Tbin[i, j] = Z[i, j];
    }
})
```

結果會變成這樣,就是並非屬於此目標的黑色區域也會出現,因為目標的矩形範圍內不保證都是此目標的資料,尤其是在實際目標傾斜時鄰近目標交疊的狀況會更加嚴重,這會讓我們後續的處理程序變得很困難。所以以本目標的輪廓點為起點,左右延伸到連續黑點的盡頭,就不會跨過目標實際的邊界,找到其他目標的黑點了!

7-3 旋轉目標

$$\begin{bmatrix} x' \\ y' \end{bmatrix} = \begin{bmatrix} \cos\theta & -\sin\theta \\ \sin\theta & \cos\theta \end{bmatrix} \begin{bmatrix} x \\ y \end{bmatrix}.$$

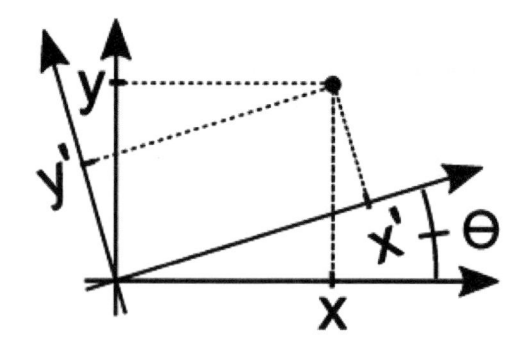

7-8

CHAPTER 07 字元影像目標的正規化

　　接下來我們要將傾倒的 A 字元目標扶正，基本上我們是用如上的旋轉座標公式計算的，但是因為影像座標的 Y 軸是以下為正，與一般直角座標以上為正相反，所以實際的程式碼會做一些調整，旋轉原點變成目標的左下角而非左上角等等，程式碼如下：

```
//旋轉目標
private void RotateToolStripMenuItem_Click(object sender, EventArgs e)
{
    Tbin = RotateTg(Tbin, ref Tsel, Inc); //旋轉目標二值化影像
    PictureBox1.Image = f.BWImg(Tbin); //繪製轉正後之影像
}
//將單一目標轉正
private byte[,] RotateTg(byte[,] b, ref TgInfo T, double A)
{
    if (A == 0) return b; //無傾斜不須旋轉
    if (A > 0) A = -A; //順或逆時針傾斜時需要旋轉方向相反，經過推導 A 應該永遠為負值
    double[,] R = new double[2, 2]; //旋轉矩陣
    R[0, 0] = Math.Cos(A); R[0, 1] = Math.Sin(A);
    R[1, 0] = -R[0, 1]; R[1, 1] = R[0, 0];
    int x0 = T.xmn, y0 = T.ymx; //左下角座標
    //旋轉後之目標範圍
    int xmn = f.nx, xmx = 0, ymn = f.ny, ymx = 0;
    for (int i = T.xmn; i <= T.xmx; i++)
    {
        for (int j = T.ymn; j <= T.ymx; j++)
        {
            if (b[i, j] == 0) continue; //空點無須旋轉
            int x = i - x0, y = y0 - j; //轉換螢幕座標為直角座標
            int xx = (int)(x * R[0, 0] + y * R[0, 1] + x0); //旋轉後 X 座標
            if (xx < 1 || xx > f.nx - 2) continue; //邊界淨空
            int yy = (int)(y0 - (x * R[1, 0] + y * R[1, 1])); //旋轉後 Y 座標
            if (yy < 1 || yy > f.ny - 2) continue; //邊界淨空
            b[i, j] = 0; b[xx, yy] = 1;
            //旋轉後目標的範圍偵測
            if (xx < xmn) xmn = xx;
            if (xx > xmx) xmx = xx;
            if (yy < ymn) ymn = yy;
            if (yy > ymx) ymx = yy;
        }
    }
    //重設目標屬性
```

```
T.xmn = xmn; T.xmx = xmx; T.ymn = ymn; T.ymx = ymx;
T.width = T.xmx - T.xmn + 1; T.height = T.ymx - T.ymn + 1;
T.cx = (T.xmx + T.xmn) / 2; T.cy = (T.ymx + T.ymn) / 2;
return b;
}
```

在此要注意的是旋轉後的點有可能超出原圖的範圍，所以必須做檢查，如果超出原圖就直接忽略即可。還有必須重新設定旋轉之後的目標(TgInfo)邊界，因為轉正之後這些目標的寬高都變了，下一步驟的正規化時又還要使用這些新資訊，不修正是不行的！可惜這樣做之後的結果還是怪怪的？角度是轉正了，但不是我們預期的實心狀態，字元內部好多洞，放大看是這個樣子：

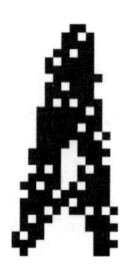

這是因為做旋轉運算時浮點數被**強制取整數**產生的數位化誤差所致，還好這些缺口一定都是很獨孤立零散的狀況，請在上述副程式的最後加上一段補洞程式即可：

```
//補足因為旋轉運算實產生的數位化誤差造成的資料空點
for (int i = T.xmn; i <= T.xmx; i++)
{
    for (int j = T.ymn; j <= T.ymx; j++)
    {
        if (b[i, j] == 1) continue;
        if (b[i - 1, j] + b[i + 1, j] + b[i, j - 1] + b[i, j + 1] >= 3) b[i, j] = 1;
    }
}
```

補洞之後 A 就變成這樣了：

7-4 寬高正規化

現在我們有了一個大致上水平的字元目標了，只要縮放到寬高與字模寬高一致就好了！此時的縮放方式寬與高的縮放程度不必一樣，如果車牌是側視拍照的話，多半會比標準的寬高比 1:2 要窄一點，強制寬高等比例縮放時，字元就會偏瘦了！Normalize 按鍵的程式碼，與執行結果如下：

```
//字元目標正規化到字模寬高
private void NormalizeToolStripMenuItem_Click(object sender, EventArgs e)
{
    double fx = (double)Tsel.width / Pw, fy = (double)Tsel.height / Ph;
    byte[,] V = new byte[Pw, Ph];
    for (int i = 0; i < Pw; i++)
    {
        int x = Tsel.xmn + (int)(i * fx);
        for (int j = 0; j < Ph; j++)
        {
            int y = Tsel.ymn + (int)(j * fy);
            V[i, j] = Tbin[x, y];
        }
    }
    PictureBox1.Image = f.BWImg(V);
}
```

現在得到的二值化陣列 V 就是可以正確與字模比對的矩陣了，我們在下一章會繼續介紹如何比對的過程，以及一些必須處理的問題。在此或許已經有人想到，如果是字元 "1" 或 "I" 會不會有問題？不限寬高比的縮放不就會變成一個實心方塊了嗎？是的！

如上的影像中車牌的 "1" 字元會變成這樣：

要解決這個問題就必須對**已經找到的車牌字元作一個資料統計**，理論上同一車牌上的車牌字元都應該一樣高，寬度除了 "1" 與 "I" 之外也都應該一樣寬，那合理的寬與高應該是多少？這就不是只看單一字元可以確認的資訊了！下一節就來介紹一個完整呈現整個車牌正規化結果的程序 Correct All，基本上就是引進「**同一車牌**」的字元大小應該有一致性的合理假設！

7-5 完整車牌正規化的呈現

最終的 Correct All 按鍵功能，事實上是將 Align 之後的旋轉與縮放程序乃至參數，統一用在每一個目標上，再將所有結果整合呈現為一個完整的車牌。

首先是一一旋轉各個目標，我們將之前建立單一目標二值化圖的程式寫成 Tg2Bin 副程式，並將旋轉目標的程式寫成 RotateTg 副程式。

如前節所述，為了避免，因為字寬不同造成的誤差，我們將旋轉後的目標寬度與高度排序，取**第二大**的字寬與字高作為原始字元目標的標準大小 mw 與 mh。為何是第二大？原因是想避開可能的兩字沾連意外，然後取較大的寬高作基準，可以盡量涵蓋每個目標的實際大小。接著就是使用統一的寬高 mw 與 mh 去作個別字元的正規化縮放，並將每一個字以 4 畫素的間隔分開，並排呈現為一個類似車牌的樣貌！

完整程式碼如下：

```
//完整辨識處理
private void CorrectAllToolStripMenuItem_Click(object sender, EventArgs e)
{
    int n = C.Count; //目標總數
    //旋轉所有目標
    TgInfo[] T = new TgInfo[n]; Array[] M = new Array[n];
    int[] w = new int[n]; int[] h = new int[n];
    for (int k = 0; k < n; k++)
    {
        TgInfo G = (TgInfo)C[k];
        M[k] = Tg2Bin(G); //建立單一目標的二值化矩陣
        TgInfo GG = new TgInfo().Clone(G);
        M[k] = RotateTg((byte[,])M[k], ref GG, Inc); //旋轉目標
        T[k] = GG; //儲存旋轉後的目標物件
        w[k] = GG.width; //寬度陣列
        h[k] = GG.height; //高度陣列
    }
    Array.Sort(w); Array.Sort(h); //寬高度排序，小到大
    mw = w[n - 2]; mh = h[n - 2]; //取第二寬或高的目標為標準，避開意外沾連的極端目標
    //車牌全圖矩陣，字元間隔 4 畫素
    byte[,] R = new byte[(Pw + 4) * n, Ph];
    MC = new Array[n];
    for (int k = 0; k < n; k++)
    {
        MC[k] = NmBin(T[k], (byte[,])M[k], mw, mh); //個別字元正規化矩陣
        int xs = (Pw + 4) * k;//X 偏移量
        for (int i = 0; i < Pw; i++)
        {
```

```
                for (int j = 0; j < Ph; j++)
                {
                    R[xs + i, j] = ((byte[,])MC[k])[i, j];
                }
            }
        }
        PictureBox1.Image = f.BWImg(R); //顯示正規化之後的車牌
    }
```

Tg2Bin 副程式的程式碼如下:

```
//建立單一目標的二值化矩陣
private byte[,] Tg2Bin(TgInfo T)
{
    byte[,] b = new byte[f.nx, f.ny];//二值化陣列
    for (int n = 0; n < T.P.Count; n++)
    {
        Point p = (Point)T.P[n];
        b[p.X, p.Y] = 1;//起點
        //向右連通成實心影像
        int i = p.X + 1;
        while (Z[i, p.Y] == 1)
        {
            b[i, p.Y] = 1; i += 1;
        }
        //向左連通成實心影像
        i = p.X - 1;
        while (Z[i, p.Y] == 1)
        {
            b[i, p.Y] = 1; i -= 1;
        }
    }
    return b;
}
```

NmBin 副程式的程式碼如下,比較特殊的是如果碰到特別窄的 1 或 I 時,目標必須平移置中,因為我們設計字模時,1 或 I 的筆劃都是在中間的!平移量就是標準寬度 mw 減去窄目標寬度 T.width 的一半!

```csharp
//建立正規化目標二值化陣列
private byte[,] NmBin(TgInfo T, byte[,] M, int mw, int mh)
{
    double fx = (double)mw / Pw, fy = (double)mh / Ph;
    byte[,] V = new byte[Pw, Ph];
    for (int i = 0; i < Pw; i++)
    {
        int sx = 0; //過窄字元的平移量，預設不平移
        if (T.width / mw < 0.75) //過窄字元，可能為 1 或 I
        {
            sx = (mw - T.width) / 2; //平移寬度差之一半
        }
        int x = (int)(T.xmn + i * fx - sx);
        if (x < 0 || x > f.nx - 1) continue;
        for (int j = 0; j < Ph; j++)
        {
            int y = T.ymn + (int)(j * fy);
            V[i, j] = M[x, y];
        }
    }
    return V;
}
```

執行時請注意，讀入圖檔後還是要先執行 Align 的功能，建立車牌原始目標群組，但接下來不必選特定單一字元目標了！直接按 Correct All 按鍵即刻看到如下結果：

AAA0950
AAE0661

7-6 如何辨識車牌的分隔短線？

台灣車牌都有一個分隔短線，譬如「ABC-1234」或「AB-5678」等等，很多車牌辨識系統會直接忽略這個短線，只辨識出字元，這會變成車牌辨識系統的一個缺點！因為它們在閱讀上是個輔助，也是一個**驗證車牌格式是否正確的**

重要參考資訊！但是因為那個短線目標相對於字元實在太小，我們通常在目標大小篩選時就會將它排除了。但我們不必真的辨識到它的存在，只要精確計算相鄰的車牌字元間的間距，相距明顯較遠的兩字之間，就可以判斷有格線了！

這個功能我們用一個 Add Dash 的功能展示，首先是計算字元間的**中心點**間距找到最大間距的位置，記得必須使用已經左右排序好的目標，而且要算各字元中心點的**平面**距離，如果只用 X 或 Y 軸距離計算誤差出錯的機率較大，尤其是碰到傾斜的車牌時。接著就是根據上節作好的各字元正規化陣列重繪車牌，並在**空格最大處**用程式畫出短線即可！

程式碼與執行結果如下：

```csharp
//加隔線
private void AddDashToolStripMenuItem_Click(object sender, EventArgs e)
{
    //計算最大字元間距
    int n = C.Count, dmx = 0, mi = 0;
    for (int i = 0; i < n - 1; i++)
    {
        int d1 = ((TgInfo)C[i + 1]).cx - ((TgInfo)C[i]).cx;
        int d2 = ((TgInfo)C[i + 1]).cy - ((TgInfo)C[i]).cy;
        int d = (d1 * d1) + (d2 * d2);
        if (d > dmx)
        {
            dmx = d; mi = i;
        }
    }
    //繪製含隔線車牌
    //車牌全圖矩陣，字元間隔4畫素
    byte[,] R = new byte[(Pw + 4) * n + 20, Ph];
    for (int k = 0; k < n; k++)
    {
        int xs = (Pw + 4) * k;
        if (k > mi) xs += 20;
        for (int i = 0; i < Pw; i++)
        {
            for (int j = 0; j < Ph; j++)
            {
                R[xs + i, j] = ((byte[,])MC[k])[i, j];
            }
```

```
            }
            if (k == mi) //繪製隔線
            {
                xs += Pw + 2;
                for (int i = 5; i < 15; i++)
                {
                    for (int j = 23; j < 27; j++)
                    {
                        R[xs + i, j] = 1;
                    }
                }
            }
        }
        PictureBox1.Image = f.BWImg(R);
    }
```

```
AAA-0950
AAE-0661
```

7-7 革命尚未成功，同志仍須努力

　　做到此處應該已經讓你信心大增了吧？但是要做出一個夠聰明的車牌辨識軟體，聰明到可以真正變成商業等級的產品，距離還是相當遙遠的！如果是在一般的停車場使用，各位讀者確實可以在詳讀本書後就做出很接近商業等級的辨識軟體，但如果希望在較為模糊困難略有雜訊(車牌汙損失焦之類)的狀態下，還是可以「猜對」，需要處理的例外狀況實在太多了！

　　最常見的是六碼字元的間距很小，影像畫素略低或微微失焦時，字元沾連在一起，兩字(甚至三字)變成一個目標，或車牌邊緣的字元與背景沾連，或者短隔線與相鄰字元沾連，字元長瘤突出一塊就讓字模比對失敗等等，這些常見錯誤都必須要有針對性的例外處理能力，否則你的產品就只是廉價品了！給大家幾張範例體會一下，怎麼處理就留給大家思考解題了！

影像辨識實務應用－使用 C#

完整專案

```csharp
using System;
using System.Collections;
using System.Collections.Generic;
using System.ComponentModel;
using System.Data;
using System.Diagnostics.Eventing.Reader;
using System.Drawing;
using System.Linq;
using System.Text;
using System.Threading.Tasks;
using System.Windows.Forms;

namespace CsRGBshow
{

    public partial class Form1 : Form
    {
        public Form1()
        {
            InitializeComponent();
        }
        byte[,] B;  //灰階陣列
        byte[,] Z;  //二值化陣列
        byte[,] Q;  //輪廓線陣列
        int Gdim = 40;  //計算區域亮度區塊的寬與高
        int[,] Th;  //每一區塊的平均亮度,二值化門檻值
        ArrayList C;  //目標物件集合
        TgInfo Tsel;  //擇處理之目標
        byte[,] Tbin;  //擇處理之二值化陣列
        static int Pw = 25, Ph = 50;  //標準字模影像之寬與高
        int mw = 0, mh = 0;  //標準字元目標寬高
        Array[] MC;  //正規化完成後的字元二值化陣列
        double Inc = 0;  //車牌傾斜角度(>0 為順時針傾斜)

        FastPixel f = new FastPixel();  //宣告快速繪圖物件

        //開啟影像
        private void OpenToolStripMenuItem_Click(object sender, EventArgs e)
        {
            if (OpenFileDialog1.ShowDialog() == DialogResult.OK)
            {
                Bitmap bmp = new Bitmap(OpenFileDialog1.FileName);
```

```csharp
            f.Bmp2RGB(bmp); //讀取 RGB 亮度陣列
            B = f.Gv;
            PictureBox1.Image = bmp;
        }
    }
    //找車牌字元目標群組
    private void AlignToolStripMenuItem_Click(object sender, EventArgs c)
    {
        Z = DoBinary(B); //二值化
        Q = Outline(Z); //建立輪廓點陣列
        C = getTargets(Q); //建立目標物件集合
        C = AlignTgs(C); //找到最多七個的字元目標群組
        //末字中心點與首字中心點的偏移量,斜率計算參數
        int n = C.Count;
        int dx = ((TgInfo)C[n - 1]).cx - ((TgInfo)C[0]).cx;
        int dy = ((TgInfo)C[n - 1]).cy - ((TgInfo)C[0]).cy;
        Inc = Math.Atan2((double)dy, (double)dx); //字元排列傾角
        //繪製有效目標
        Bitmap bmp = new Bitmap(f.nx, f.ny);
        for (int k = 0; k < C.Count; k++)
        {
            TgInfo T = (TgInfo)C[k];
            for (int m = 0; m < T.P.Count; m++)
            {
                Point p = (Point)T.P[m];
                bmp.SetPixel(p.X, p.Y, Color.Black);
            }
        }
        PictureBox1.Image = bmp;
    }
    //二值化
    private byte[,] DoBinary(byte[,] b)
    {
        Th = ThresholdBuild(b);
        Z = new byte[f.nx, f.ny];
        for (int i = 1; i < f.nx - 1; i++)
        {
            int x = i / Gdim;
            for (int j = 1; j < f.ny - 1; j++)
            {
                int y = j / Gdim;
                if (f.Gv[i, j] < Th[x, y])
                {
                    Z[i, j] = 1;
```

```
                }
            }
        }
        return Z;
    }
    //門檻值陣列建立
    private int[,] ThresholdBuild(byte[,] b)
    {
        int kx = f.nx / Gdim, ky = f.ny / Gdim;
        Th = new int[kx, ky];
        //累計各區塊亮度值總和
        for (int i = 0; i < f.nx; i++)
        {
            int x = i / Gdim;
            for (int j = 0; j < f.ny; j++)
            {
                int y = j / Gdim;
                Th[x, y] += f.Gv[i, j];
            }
        }
        for (int i = 0; i < kx; i++)
        {
            for (int j = 0; j < ky; j++)
            {
                Th[i, j] /= Gdim * Gdim;
            }
        }
        return Th;
    }
    //建立輪廓點陣列
    private byte[,] Outline(byte[,] b)
    {
        byte[,] Q = new byte[f.nx, f.ny];
        for (int i = 1; i < f.nx - 1; i++)
        {
            for (int j = 1; j < f.ny - 1; j++)
            {
                if (b[i, j] == 0) continue;
                if (b[i - 1, j] == 0) { Q[i, j] = 1; continue; }
                if (b[i + 1, j] == 0) { Q[i, j] = 1; continue; }
                if (b[i, j - 1] == 0) { Q[i, j] = 1; continue; }
                if (b[i, j + 1] == 0) { Q[i, j] = 1; }
            }
        }
```

```csharp
        return Q;
    }
//旋轉目標
private void RotateToolStripMenuItem_Click(object sender, EventArgs e)
{
    Tbin = RotateTg(Tbin, ref Tsel, Inc); //旋轉目標二值化影像
    PictureBox1.Image = f.BWImg(Tbin); //繪製轉正後之影像
}
//將單一目標轉正
private byte[,] RotateTg(byte[,] b, ref TgInfo T, double A)
{
    if (A == 0) return b; //無傾斜不須旋轉
    if (A > 0) A = -A; //順或逆時針傾斜時需要旋轉方向相反，經過推導A應該永遠為負值
    double[,] R = new double[2, 2]; //旋轉矩陣
    R[0, 0] = Math.Cos(A); R[0, 1] = Math.Sin(A);
    R[1, 0] = -R[0, 1]; R[1, 1] = R[0, 0];
    int x0 = T.xmn, y0 = T.ymx; //左下角座標
    //旋轉後之目標範圍
    int xmn = f.nx, xmx = 0, ymn = f.ny, ymx = 0;
    for (int i = T.xmn; i <= T.xmx; i++)
    {
        for (int j = T.ymn; j <= T.ymx; j++)
        {
            if (b[i, j] == 0) continue; //空點無須旋轉
            int x = i - x0, y = y0 - j; //轉換螢幕座標為直角座標
            int xx = (int)(x * R[0, 0] + y * R[0, 1] + x0); //旋轉後X座標
            if (xx < 1 || xx > f.nx - 2) continue; //邊界淨空
            int yy = (int)(y0 - (x * R[1, 0] + y * R[1, 1])); //旋轉後Y座標
            if (yy < 1 || yy > f.ny - 2) continue; //邊界淨空
            b[i, j] = 0; b[xx, yy] = 1;
            //旋轉後目標的範圍偵測
            if (xx < xmn) xmn = xx;
            if (xx > xmx) xmx = xx;
            if (yy < ymn) ymn = yy;
            if (yy > ymx) ymx = yy;
        }
    }
    //重設目標屬性
    T.xmn = xmn; T.xmx = xmx; T.ymn = ymn; T.ymx = ymx;
    T.width = T.xmx - T.xmn + 1; T.height = T.ymx - T.ymn + 1;
    T.cx = (T.xmx + T.xmn) / 2; T.cy = (T.ymx + T.ymn) / 2;
    //補足因為旋轉運算實產生的數位化誤差造成的資料空點
    for (int i = T.xmn; i <= T.xmx; i++)
    {
```

```
                for (int j = T.ymn; j <= T.ymx; j++)
                {
                    if (b[i, j] == 1) continue;
                    if (b[i - 1, j] + b[i + 1, j] + b[i, j - 1] + b[i, j + 1] >= 3) b[i, j] = 1;
                }
            }
            return b;
        }
        //點選目標
        private void PictureBox1_MouseDown(object sender, MouseEventArgs e)
        {
            if (e.Button == MouseButtons.Left)
            {
                int m = -1;
                for (int k = 0; k < C.Count; k++)
                {
                    TgInfo T = (TgInfo)C[k];
                    if (e.X < T.xmn) continue;
                    if (e.X > T.xmx) continue;
                    if (e.Y < T.ymn) continue;
                    if (e.Y > T.ymx) continue;
                    m = k; break;//被點選目標
                }
                if (m >= 0)//有選取目標時
                {
                    Tsel = (TgInfo)C[m];//點選之目標
                    Tbin = new byte[f.nx, f.ny];//選取目標的二值化陣列
                    for (int n = 0; n < Tsel.P.Count; n++)
                    {
                        Point p = (Point)Tsel.P[n];
                        Tbin[p.X, p.Y] = 1;//起點
                        //向右連通成實心影像
                        int i = p.X + 1;
                        while (Z[i, p.Y] == 1)
                        {
                            Tbin[i, p.Y] = 1; i += 1;
                        }
                        //向左連通成實心影像
                        i = p.X - 1;
                        while (Z[i, p.Y] == 1)
                        {
                            Tbin[i, p.Y] = 1; i -= 1;
                        }
```

```csharp
            }
            PictureBox1.Image = f.BWImg(Tbin);//繪製二值化圖
        }
    }
}
//字元目標正規化到字模寬高
private void NormalizeToolStripMenuItem_Click(object sender, EventArgs e)
{
    double fx = (double)Tsel.width / Pw, fy = (double)Tsel.height / Ph;
    byte[,] V = new byte[Pw, Ph];
    for (int i = 0; i < Pw; i++)
    {
        int x = Tsel.xmn + (int)(i * fx);
        for (int j = 0; j < Ph; j++)
        {
            int y = Tsel.ymn + (int)(j * fy);
            V[i, j] = Tbin[x, y];
        }
    }
    PictureBox1.Image = f.BWImg(V);
}
//完整辨識處理
private void CorrectAllToolStripMenuItem_Click(object sender, EventArgs e)
{
    int n = C.Count; //目標總數
    //旋轉所有目標
    TgInfo[] T = new TgInfo[n]; Array[] M = new Array[n];
    int[] w = new int[n]; int[] h = new int[n];
    for (int k = 0; k < n; k++)
    {
        TgInfo G = (TgInfo)C[k];
        M[k] = Tg2Bin(G); //建立單一目標的二值化矩陣
        TgInfo GG = new TgInfo().Clone(G);
        M[k] = RotateTg((byte[,])M[k], ref GG, Inc); //旋轉目標
        T[k] = GG; //儲存旋轉後的目標物件
        w[k] = GG.width; //寬度陣列
        h[k] = GG.height; //高度陣列
    }
    Array.Sort(w); Array.Sort(h); //寬高度排序，小到大
    mw = w[n - 2]; mh = h[n - 2]; //取第二寬或高的目標為標準，避開意外沾連的極端目標
    //車牌全圖矩陣，字元間隔4畫素
    byte[,] R = new byte[(Pw + 4) * n, Ph];
    MC = new Array[n];
    for (int k = 0; k < n; k++)
```

```
        {
            MC[k] = NmBin(T[k], (byte[,])M[k], mw, mh); //個別字元正規化矩陣
            int xs = (Pw + 4) * k;//X偏移量
            for (int i = 0; i < Pw; i++)
            {
                for (int j = 0; j < Ph; j++)
                {
                    R[xs + i, j] = ((byte[,])MC[k])[i, j];
                }
            }
        }
        PictureBox1.Image = f.BWImg(R); //顯示正規化之後的車牌
    }
    //建立單一目標的二值化矩陣
    private byte[,] Tg2Bin(TgInfo T)
    {
        byte[,] b = new byte[f.nx, f.ny];//二值化陣列
        for (int n = 0; n < T.P.Count; n++)
        {
            Point p = (Point)T.P[n];
            b[p.X, p.Y] = 1;//起點
            //向右連通成實心影像
            int i = p.X + 1;
            while (Z[i, p.Y] == 1)
            {
                b[i, p.Y] = 1; i += 1;
            }
            //向左連通成實心影像
            i = p.X - 1;
            while (Z[i, p.Y] == 1)
            {
                b[i, p.Y] = 1; i -= 1;
            }
        }
        return b;
    }
    //建立正規化目標二值化陣列
    private byte[,] NmBin(TgInfo T, byte[,] M, int mw, int mh)
    {
        double fx = (double)mw / Pw, fy = (double)mh / Ph;
        byte[,] V = new byte[Pw, Ph];
        for (int i = 0; i < Pw; i++)
        {
            int sx = 0;  //過窄字元的平移量,預設不平移
```

```csharp
            if (T.width / mw < 0.75) //過窄字元,可能為1或I
            {
                sx = (mw - T.width) / 2; //平移寬度差之一半
            }
            int x = (int)(T.xmn + i * fx - sx);
            if (x < 0 || x > f.nx - 1) continue;
            for (int j = 0; j < Ph; j++)
            {
                int y = T.ymn + (int)(j * fy);
                V[i, j] = M[x, y];
            }
        }
        return V;
    }
    //加隔線
    private void AddDashToolStripMenuItem_Click(object sender, EventArgs e)
    {
        //計算最大字元間距
        int n = C.Count, dmx = 0, mi = 0;
        for (int i = 0; i < n - 1; i++)
        {
            int d1 = ((TgInfo)C[i + 1]).cx - ((TgInfo)C[i]).cx;
            int d2 = ((TgInfo)C[i + 1]).cy - ((TgInfo)C[i]).cy;
            int d = (d1 * d1) + (d2 * d2);
            if (d > dmx)
            {
                dmx = d; mi = i;
            }
        }
        //繪製含隔線車牌
        //車牌全圖矩陣,字元間隔4畫素
        byte[,] R = new byte[(Pw + 4) * n + 20, Ph];
        for (int k = 0; k < n; k++)
        {
            int xs = (Pw + 4) * k;
            if (k > mi) xs += 20;
            for (int i = 0; i < Pw; i++)
            {
                for (int j = 0; j < Ph; j++)
                {
                    R[xs + i, j] = ((byte[,])MC[k])[i, j];
                }
            }
            if (k == mi) //繪製隔線
```

```csharp
        {
            xs += Pw + 2;
            for (int i = 5; i < 15; i++)
            {
                for (int j = 23; j < 28; j++)
                {
                    R[xs + i, j] = 1;
                }
            }
        }
        PictureBox1.Image = f.BWImg(R);
    }

    //儲存影像
    private void SaveImageToolStripMenuItem_Click(object sender, EventArgs e)
    {
        if (SaveFileDialog1.ShowDialog() == DialogResult.OK)
        {
            PictureBox1.Image.Save(SaveFileDialog1.FileName);
        }
    }
    //以輪廓點建立目標陣列,排除負目標
    int minHeight = 20, maxHeight = 80, minWidth = 2, maxWidth = 80, Tgmax = 20;
    private ArrayList getTargets(byte[,] q)
    {
        ArrayList A = new ArrayList();
        byte[,] b = (byte[,])q.Clone();
        for (int i = 1; i < f.nx - 1; i++)
        {
            for (int j = 1; j < f.ny - 1; j++)
            {
                if (b[i, j] == 0) continue;
                TgInfo G = new TgInfo();
                G.xmn = i; G.xmx = i; G.ymn = j; G.ymx = j; G.P = new ArrayList();
                ArrayList nc = new ArrayList();
                nc.Add(new Point(i, j)); G.P.Add(new Point(i, j));
                b[i, j] = 0;
                do
                {
                    ArrayList nb = (ArrayList)nc.Clone();
                    nc = new ArrayList();
                    for (int m = 0; m < nb.Count; m++)
                    {
```

```csharp
                    Point p = (Point)nb[m];
                    for (int ii = p.X - 1; ii <= p.X + 1; ii++)
                    {
                        for (int jj = p.Y - 1; jj <= p.Y + 1; jj++)
                        {
                            if (b[ii, jj] == 0) continue;
                            Point k = new Point(ii, jj);
                            nc.Add(k); G.P.Add(k); G.np += 1;
                            if (ii < G.xmn) G.xmn = ii;
                            if (ii > G.xmx) G.xmx = ii;
                            if (jj < G.ymn) G.ymn = jj;
                            if (jj > G.ymx) G.ymx = jj;
                            b[ii, jj] = 0;
                        }
                    }
                }
            } while (nc.Count > 0);
            if (Z[i - 1, j] == 1) continue;
            G.width = G.xmx - G.xmn + 1;
            G.height = G.ymx - G.ymn + 1;
            //以寬高大小篩選目標
            if (G.height < minHeight) continue;
            if (G.height > maxHeight) continue;
            if (G.width < minWidth) continue;
            if (G.width > maxWidth) continue;
            G.cx = (G.xmn + G.xmx) / 2; G.cy = (G.ymn + G.ymx) / 2; //中心點
            //計算目標的對比度
            for (int m = 0; m < G.P.Count; m++)
            {
                int pm = PointPm((Point)G.P[m]);
                if (pm > G.pm) G.pm = pm;
            }
            A.Add(G);
        }
    }
    //以對比度排序
    for (int i = 0; i <= Tgmax; i++)
    {
        if (i > A.Count - 1) break;
        for (int j = i + 1; j < A.Count; j++)
        {
            TgInfo T = (TgInfo)A[i], G = (TgInfo)A[j];
            if (T.pm < G.pm)
            {
```

```
                    A[i] = G; A[j] = T;
                }
            }
        }
        //取得 Tgmax 個最明顯的目標輸出
        C = new ArrayList();
        for (int i = 0; i < Tgmax; i++)
        {
            if (i > A.Count - 1) break;
            TgInfo T = (TgInfo)A[i]; T.ID = i;
            C.Add(T);
        }
        return C; //回傳目標物件集合
    }
    //輪廓點與背景的對比度
    private int PointPm(Point p)
    {
        int x = p.X, y = p.Y, mx = B[x, y];
        if (mx < B[x - 1, y]) mx = B[x - 1, y];
        if (mx < B[x + 1, y]) mx = B[x + 1, y];
        if (mx < B[x, y - 1]) mx = B[x, y - 1];
        if (mx < B[x, y + 1]) mx = B[x, y + 1];
        return mx - B[x, y];
    }
    //找車牌字元目標群組
    private ArrayList AlignTgs(ArrayList C)
    {
        ArrayList R = new ArrayList();//最佳目標組合與最佳度比度
        int pmx = 0;
        for (int i = 0; i < C.Count; i++)
        {
            TgInfo T = (TgInfo)C[i];//核心目標
            ArrayList D = new ArrayList(); int Dm = 0;//此輪搜尋的目標集合
            D.Add(T); Dm = T.pm;//加入搜尋起點目標
            int x1 = (int)(T.cx - T.height * 2.5);//搜尋 X 範圍
            int x2 = (int)(T.cx + T.height * 2.5);
            int y1 = (int)(T.cy - T.height * 1.5);//搜尋 Y 範圍
            int y2 = (int)(T.cy + T.height * 1.5);
            for (int j = 0; j < C.Count; j++)
            {
                if (i == j) continue;//與起點重複略過
                TgInfo G = (TgInfo)C[j];
                if (G.cx < x1) continue;
                if (G.cx > x2) continue;
```

```csharp
                if (G.cy < y1) continue;
                if (G.cy > y2) continue;
                if (G.width > T.height) continue;//目標寬度太大略過
                if (G.height > T.height * 1.5) continue;//目標高度太大略過
                D.Add(G); Dm += G.pm;//合格目標加入集合
                if (D.Count >= 7) break;//目標蒐集個數已滿跳離迴圈
            }
            if (Dm > pmx)//對比度高於之前的目標集合
            {
                pmx = Dm; R = D;
            }
        }
        //目標群位置左右排序
        if (R.Count > 1)
        {
            int n = R.Count;
            for (int i = 0; i < n - 1; i++)
            {
                for (int j = i + 1; j < n; j++)
                {
                    TgInfo Ti = (TgInfo)R[i], Tj = (TgInfo)R[j];
                    if (Ti.cx > Tj.cx)
                    {
                        R[i] = Tj; R[j] = Ti;
                    }
                }
            }
        }
        return R;
    }
}
```

08
CHAPTER

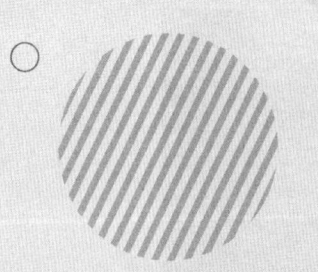

車牌的字元辨識

CHECK POINT

8-1　匯入字模資料與建立專案

8-2　比對字元目標

8-3　你找到的答案是對的嗎？

8-4　可以補字嗎？

8-5　影像辨識不只是辨識「影像」

8-1 匯入字模資料與建立專案

不論我們將字元目標經過影像處理計數調整到多麼端正，它們依舊還是「**影像**」資料！要讓車牌辨識產生可以使用的資料，就必須經過字元比對，讓影像資料變成文字模式的資料，這也是所有 OCR 必經的過程，這一步沒有完成的話就只是影像「**處理**」，不能稱為「**辨識**」了！

我們在第 6 章已經做好比對字模的準備工作，在此就是先複製第 7 章的專案做修改，首先是將第 6 章製作的二進位字模檔案匯入為資源檔。在表單的主功能表建立 Open, Align, Correct All 與 Recognize All 幾個按鍵，必須使用的全域變數宣告如下：

```
byte[,] B; //灰階陣列
  byte[,] Z; //二值化陣列
  byte[,] Q; //輪廓線陣列
  int Gdim = 40; //計算區域亮度區塊的寬與高
  int[,] Th; //每一區塊的平均亮度，二值化門檻值
  ArrayList C; //目標物件集合
  static int Pw = 25, Ph = 50; //標準字模影像之寬與高
  byte[,,,] P = new byte[2, 36, Pw, Ph]; //六七碼車牌所有英數字二值化陣列
  byte[,,] P69 = new byte[2, Pw, Ph]; //變形的 6 與 9
  Array[] MC; //正規化完成後的字元二值化陣列
  int mw = 0, mh = 0; //標準字元目標寬高
  string LP = ""; //車牌號碼
  double Inc = 0; //車牌傾斜角度(>0 為順時針傾斜)
```

```
//字元對照表
//0-9→0-9
//10→A,11→B,12→C,13→D,14→E,15→F,16→G,17→H,18→I,19→J
//20→K,21→L,22→M,23→N,24→O,25→P,26→Q,27→R,28→S,29→T
//30→U,31→V,32→W,33→X,34→Y,35→Z
char[] Ch = new char[] { '0', '1', '2', '3', '4', '5', '6', '7', '8', '9',
    'A', 'B', 'C', 'D', 'E', 'F', 'G', 'H', 'I', 'J', 'K', 'L', 'M', 'N',
    'O', 'P', 'Q', 'R', 'S', 'T', 'U', 'V', 'W', 'X', 'Y', 'Z' };
FastPixel f = new FastPixel(); //宣告快速繪圖物件
```

新增的部分主要是 0-9 與 A-Z 的字元陣列，為了方便查詢，我們也用註解方式做了一個查詢表，可以很快知道譬如 Ch(27)=R 或 Ch(17)=H 等等。另外當我們比對字元時，除了回傳最佳字元，通常也需要知道符合度，最符合的字元屬於六或七碼字型也有參考價值，所以建立了一個資料結構，每次比對完一個目標就可以把這些資訊一起封裝回傳供主程式使用，在 FastPixel 類別裡增加以下程式。

```
//最佳字元結構
class ChInfo {
    public char Ch; //最符合字元
    public int ft; //符合度評分
    public int kind; //六或七碼字元,0→六碼,1→七碼
}
```

主功能表中前三個功能完全與前一章的內容相同，無須修改，必須先做的是在 Form_Load 事件時匯入字模資料，程式碼如下：

```
//載入字模
private void FontLoad()
{
    byte[] q = CsCharFit.Properties.Resources.font;//使用字模資源檔
    int n = 0;
    //匯入六與七碼字模
    for (int m = 0; m < 2; m++)
    {
        for (int k = 0; k < 36; k++)
        {
            for (int j = 0; j < Ph; j++)
            {
```

```
                for (int i = 0; i < Pw; i++)
                {
                    P[m, k, i, j] = q[n]; n += 1;
                }
            }
        }
    }
    //匯入六碼變形 69 字模
    for (int k = 0; k < 2; k++)
    {
        for (int j = 0; j < Ph; j++)
        {
            for (int i = 0; i < Pw; i++)
            {
                P69[k, i, j] = q[n]; n += 1;
            }
        }
    }
}
```

8-2 比對字元目標

比對字元的基本概念就是將一個待檢測的目標陣列，逐一與所有字模陣列比對，看哪一個字元的符合度最高？同時也用 Chinfo 資料結構記錄符合度與字型種類(六或七碼)，我們先建立一個副程式如下：

```
//最佳字元
private ChInfo BestC(byte[,] A)
{
    ChInfo C = new ChInfo();
    //六七碼正常字形比對
    for (int m = 0; m < 2; m++)
    {
        for (int k = 0; k < 36; k++)
        {
            int n0 = 0; //字模黑點數
            int nf = 0; //符合的黑點數
            for (int i = 0; i < Pw; i++)
            {
```

```
                for (int j = 0; j < Ph; j++)
                {
                    if (P[m, k, i, j] == 0)
                    {
                        if (A[i, j] == 1) nf -= 1; //目標與字模不符合點數
                    }
                    else
                    {
                        n0 += 1; //字模黑點數累計
                        if (A[i, j] == 1) nf += 1; //目標與字模符合點數
                    }
                }
            }
            int v = nf * 1000 / n0; //符合點數千分比
            if (v > C.ft)
            {
                C.ft = v;
                C.Ch = Ch[k];
                C.kind = m;
            }
        }
    }
}
//變形 6 與 9 比對
for (int k = 0; k < 2; k++)
{
    int n0 = 0; //字模黑點數
    int nf = 0; //符合的黑點數
    for (int i = 0; i < Pw; i++)
    {
        for (int j = 0; j < Ph; j++)
        {
            if (P69[k, i, j] == 0)
            {
                if (A[i, j] == 1) nf -= 1; //目標與字模不符合點數
            }
            else
            {
                n0 += 1; //字模黑點數累計
                if (A[i, j] == 1) nf += 1; //目標與字模符合點數
            }
        }
    }
}
```

```
            int v = nf * 1000 / n0;  //符合點數千分比
            if (v > C.ft)
            {
                C.ft = v;
                if (k == 0) { C.Ch = '6'; } else { C.Ch = '9'; }
            }
        }
        return C;
    }
```

其功能就是饋入待辨識的已正規化目標陣列(MC(m))，看看是甚麼字元？符合度如何等等。我們先用本章開頭的影像為例，執行 Align 與 Correct All 之後會變成如下的影像：

接著建立 PictureBox1_MouseDown 的事件副程式，就是點選某字之後做字元辨識，以訊息框顯示結果：

```
    //點選字元
    private void PictureBox1_MouseDown(object sender, MouseEventArgs e)
    {
        if (e.Button == MouseButtons.Left)
        {
            int m = e.X / (Pw + 4);
            if (m < 0 || m > MC.Length - 1) return;
            ChInfo C = BestC((byte[,])MC[m]);
            MessageBox.Show(C.Ch.ToString() + "," + C.ft.ToString());
        }
    }
```

接下來是「Recognize All」按鍵，也就是辨識完整車牌的程式，此時就必須先計算車牌短隔線的位置了！如上一章的介紹，完整程式碼與執行結果如下：

```csharp
//辨識整個車牌
    private void RecognizeAllToolStripMenuItem_Click(object sender, EventArgs e)
    {
        //計算最大字元間距與位置
        int n = C.Count, dmx = 0, mi = 0;
        for (int i = 0; i < n - 1; i++)
        {
            int d1 = ((TgInfo)C[i + 1]).cx - ((TgInfo)C[i]).cx;
            int d2 = ((TgInfo)C[i + 1]).cy - ((TgInfo)C[i]).cy;
            int d = (d1 * d1) + (d2 * d2);
            if (d > dmx)
            {
                dmx = d; mi = i;
            }
        }
        LP = ""; //車牌字串
        int sc = 0; //符合度
        for (int i = 0; i < MC.Length; i++)
        {
            ChInfo k = BestC((byte[,])MC[i]);
            LP += k.Ch;
            sc += k.ft;
            if (i == mi) LP += '-';
        }
        sc /= MC.Length;
        MessageBox.Show(LP + "," + sc.ToString());
    }
```

8-7

8-3 你找到的答案是對的嗎？

截至目前為止，我們都是以容易辨識的車牌影像做示範，但是實際情況不會這麼理想，我們常會誤認到不是車牌的目標，譬如告示牌上的文字，甚至背景的光影雜訊等等。如果我們可以用某些條件判斷這不是車牌，就應該直接攔截這些明顯錯誤的答案，回應主程式說「**沒有車牌**」！

譬如下面這張影像以目前程式辨識結果如下：

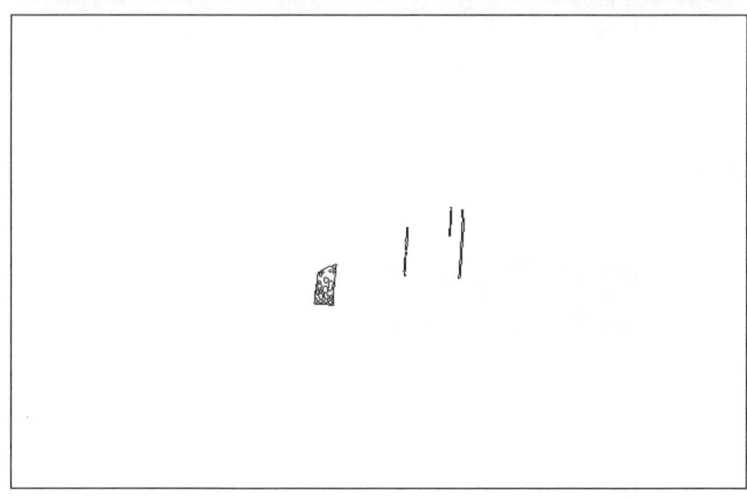

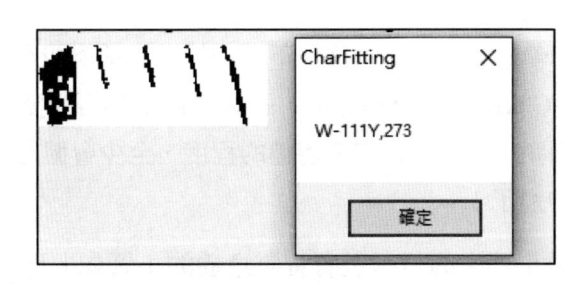

CHAPTER 08 車牌的字元辨識

W-111Y 是強制辨識的車牌答案，273 是符合度的分數。我們目前的符合度計算方式滿分是 1000 分，273 當然是極低的值，所以僅用此值就可以確定這個答案中的目標根本不是文字了！而且按照台灣車牌的格式規則，不可能有 W-111Y 這種車牌。第一、五碼的車牌只會有 2-2 或 3-2 的兩種字數區段格式，1-4 格式是沒有的！第二、台灣車牌中字數較長的區段一定全部都是數字，所以 111Y 是不可能的！

要實作這些檢驗機制的程式技術是很簡單的，譬如 If (分數<及格分數) return false，用 IsNumeric("X")就知道 X 是不是數字，看 "-" 的位置就可以知道字數的區段是?-?。所以你一定可以檢驗七碼車牌的前三位是不是都是英文字？後四碼是不是都是數字等等。

但是甚麼是合理的「及格分數」？這跟你設計的計分方式與影像品質都有關係，不經過大量資料的分析測試就無法得到最接近合理的數值。另一方面，車牌格式的驗證條件可達數十個之多！有些還與字元或車牌背景的顏色有關係，所以我們無法在此做出並展示完整的程式，只能點到為止！檢驗車牌是否正確的副程式可以寫成這個形式：

```
//檢驗車牌是否正確的程式
private string ChkLP(string S, int V)
{
    if (V < 500) return "";  //符合度低於及格分數
    if (S.Length < 5) return "";  //包含分隔線在內字數小於 5
    int m = S.IndexOf('-');  //格線位置
    if (m == 1) return "";  //沒有 1-x 的字數區段格式
    return S;  //合格車牌
}
```

8-9

檢驗通過就回傳原來的車牌答案，不通過的就直接變成空字串，程式碼只需插入一行：LP=ChkLP(LP，Sc)即可。這些條件要寫得完整又不互相衝突，做出相當合理的判斷，到達可以商業運轉的程度，至少會擴充到數百行之多！就留待大家各顯神通了！

前面說過台灣車牌中的格線是有實質意義的！譬如七碼車牌格線前三碼一定是英文字，而且確定不會有 I 與 O，而且所有格式中較長的區段一定全部都是數字。所以我們可以檢查答案是否合乎這些規則？不合的就是錯誤的答案，我們可以嘗試把它們改成近似的英或數字，譬如 B8 容易誤認，BC-100B 很可能是 BC-1008，此時竄改答案就很合理了！

下面是一個程式範例，可以部份實現這種因應英數字格式的強制修改：

```csharp
//嘗試依據英數字規範修改車牌答案
private string ChkED(string S)
{
    char[] C = S.ToCharArray(); //字串轉成字元陣列
    int n1 = S.IndexOf('-'); //第一區段長度
    int n2 = C.Length - n1 - 1; //第二區段長度
    int d1 = 0, d2 = 0; //數字區的起終點
    if (n1 > n2) { d1 = 0; d2 = n1 - 1; } //第一區段較長
    if (n2 > n1) { d1 = n1 + 1; d2 = C.Length - 1; } //第二區段較長
    if (d2 == 0) return S; //無法判定純數字區段(2-2 或 3-3)
    //嘗試將純數字區段的英文字改成數字
    for (int i = d1; i <= d2; i++)
    {
        C[i] = E2D(C[i]);
    }
    //如果是七碼車牌，強制將前三碼中的數字改成英文
    if (n1 == 3 && n2 == 4)
    {
        for (int i = 0; i <= 2; i++)
        {
            C[i] = D2E(C[i]);
        }
    }
    //重組字串
    S = "";
    for (int i = 0; i < C.Length; i++)
```

```
    {
        S += C[i];
    }
    return S;
}
//嘗試將英文字母變成相似的數字
private char E2D(char C)
{
    if (C == 'B') return '8';
    if (C == 'D') return '0';
    if (C == 'O') return '0';
    return C;
}
//嘗試將英文字母變成相似的數字
private char D2E(char C)
{
    if (C == '8') return 'B';
    if (C == '0') return 'D';
    return C;
}
```

請在 Form_Load 事件加入程式：MessageBox.Show(ChkED("A8C-01D6"));，執行後即可看到：

8-4 可以補字嗎？

上面這張影像使用目前的程式結果會變成左邊少一個字，F-1995 當然不合乎台灣車牌的格式！原因應該是最左邊的 5 字有些反光之故，但少字的原因不重要，即使不反光也可能因為六碼車牌邊緣的白色淨空區極窄，讓左或右邊的字元與背景沾連切不成獨立目標。我們想問的是有可能用強制「**補字**」的方式補救嗎？

在此，我們從格式知道 F 的左邊應該還有一個字，但正常的二值化與目標切割過程無法鎖定這個字，我們要示範如何使用已有的其他字元資訊「**外插**」這個 5 字出來！如果要做出涵蓋所有狀況，判斷何時該補字？該補哪一邊的字？等等的完整判斷程式是個很複雜的工作，在此我們只介紹如何向左方補一個字的動作，請將主功能表加一個按鍵「Left Ext.」只針對這個案例補字吧！

CHAPTER 08 車牌的字元辨識

程式碼如下：

```csharp
//左方外插一字
  private void LeftExtToolStripMenuItem_Click(object sender, EventArgs e)
  {
      //字元間的最小間距
      int xd = f.nx, yd = f.ny;
      for (int i = 0; i < C.Count - 1; i++)
      {
          int dx = ((TgInfo)C[i + 1]).cx - ((TgInfo)C[i]).cx;
          if (dx < xd) xd = dx;
          int dy = ((TgInfo)C[i + 1]).cy - ((TgInfo)C[i]).cy;
          if (dy < yd) yd = dy;
      }
      TgInfo G = (TgInfo)C[0];  //複製一個外插的目標
      //目標位置移動
      G.cx -= xd; G.cy -= yd;
      G.xmn = G.cx - mw / 2; G.xmx = G.cx + mw / 2;
      G.ymn = G.cy - mh / 2; G.ymx = G.cy + mh / 2;
      //外插目標二值化陣列
      byte[,] A = new byte[f.nx, f.ny];
      for (int i = G.xmn; i <= G.xmx; i++)
      {
          for (int j = G.ymn; j <= G.ymx; j++)
          {
              A[i, j] = Z[i, j];
          }
      }
      A = RotateTg(A, ref G, Inc);  //旋轉目標
      byte[,] D = NmBin(G, A, mw, mh);  //外插字元正規化
      ChInfo k = BestC(D);  //辨識字元
      LP = k.Ch + LP;  //外插字元加入車牌
      //繪圖顯示外插目標框線
      Bitmap bmp = new Bitmap(OpenFileDialog1.FileName);
      Rectangle rec = new Rectangle(G.xmn, G.ymn, mw, mh);
      Graphics Gr = Graphics.FromImage(bmp);
      Gr.DrawRectangle(Pens.Red, rec);
      PictureBox1.Image = bmp;
      MessageBox.Show(LP);
  }
```

8-13

這段程式首先要找到最小的字元間距,其實主要是避開有隔線的較大字元間距,在此例終究是要避免以 F 和 1 字元的間距做外插的標準。之後就是在最左邊的 F 左方製造一個新的虛擬目標,位置是往 F 字的左方平移一個字的距離。將此目標按照其他字元的處理程序:旋轉→正規化→比對字元,就會得到 5 這個字了!執行程式的結果如下圖:

由上可知,在我們建立好字元目標辨識的標準程序之後,可以很容易的在我們預期有字元的位置新增一個虛擬的目標,迅速補足可能遺漏的字元!程式操作並不困難,比較需要時間實驗調整的是決策的過程!這一部份就留待讀者自己去慢慢補足了!

8-5 影像辨識不只是辨識「影像」

從本章內容讀者應該可以體會,「聰明」的車牌辨識不會只是死板的根據「影像」資料作處理。既然知道要辨識的是車牌,當然可以盡量參考車牌應有的格式與特性,來輔助我們判斷辨識是否正確?甚至協助我們做一些「**破壞**」性的處理!就是修改直接來自影像的辨識結果,以符合車牌格式。

事實上多數特定目的的辨識都會有類似的「影像外」的資訊可以使用!當影像本身比較複雜或模糊時,這些先備的條件知識其實是比影像更為真實可靠的資訊，譬如指紋只會有三叉點，如果你發現你辨識出來的校條中有兩線交叉成十字路口的狀況，那一定是錯的！可能是雜訊干擾，或根本就不是指紋影像！最好就是忽略或直接用程式改掉！

我們做車牌辨識時通常不會只有一張車牌占據整個影像畫面，背景雜訊甚麼東西都有可能出現，為甚麼好的車牌辨識系統不會常常將其他文字目標當作車牌報告出來？原因就是我們會參考很多外部資訊，即使它們也是清楚的文字，如果顏色或格式不符合已知的車牌就會被否定忽略。

我們使用這種 OCR 的程序辨識車牌時，最大的危機是車牌字元的沾連，尤其是字元與背景連在一起時，就鐵定不會變成我們可以處理的目標，所以強行切割補字的功能是必要的程序！很像我們生病就必須進行特殊的醫療一樣！沒有醫院與醫生當然人類的死亡率就會高出很多了！如果是相連的兩個字元沾連呢？就是直接從中切開為兩個目標了！總之，因為影像總有模糊的時候，某些依據外部資訊發現錯誤而進行的強制補救演算法是必須的！否則我們就會失去很多邊緣狀況的辨識成功機會。

完整專案

```csharp
using System;
using System.Collections;
using System.Collections.Generic;
using System.ComponentModel;
using System.Data;
using System.Diagnostics.Eventing.Reader;
using System.Drawing;
using System.Linq;
using System.Text;
using System.Threading.Tasks;
using System.Windows.Forms;

namespace CsRGBshow
{
    public partial class Form1 : Form
    {
        public Form1()
        {
            InitializeComponent();
        }
        byte[,] B; //灰階陣列
        byte[,] Z; //二值化陣列
        byte[,] Q; //輪廓線陣列
        int Gdim = 40; //計算區域亮度區塊的寬與高
        int[,] Th; //每一區塊的平均亮度,二值化門檻值
        ArrayList C; //目標物件集合
        static int Pw = 25, Ph = 50; //標準字模影像之寬與高
        byte[,,] P = new byte[2, 36, Pw, Ph]; //六七碼車牌所有英數字二值化陣列
        byte[,,] P69 = new byte[2, Pw, Ph]; //變形的6與9
        Array[] MC; //正規化完成後的字元二值化陣列
        int mw = 0, mh = 0; //標準字元目標寬高
        string LP = ""; //車牌號碼
        double Inc = 0; //車牌傾斜角度(>0 為順時針傾斜)
        //字元對照表
        //0-9→0-9
        //10→A,11→B,12→C,13→D,14→E,15→F,16→G,17→H,18→I,19→J
        //20→K,21→L,22→M,23→N,24→O,25→P,26→Q,27→R,28→S,29→T
        //30→U,31→V,32→W,33→X,34→Y,35→Z
        char[] Ch = new char[] { '0', '1', '2', '3', '4', '5', '6', '7', '8', '9',
            'A', 'B', 'C', 'D', 'E', 'F', 'G', 'H', 'I', 'J', 'K', 'L', 'M', 'N',
            'O', 'P', 'Q', 'R', 'S', 'T', 'U', 'V', 'W', 'X', 'Y', 'Z' };
```

```csharp
FastPixel f = new FastPixel(); //宣告快速繪圖物件

//儲存影像
private void SaveImageToolStripMenuItem_Click(object sender, EventArgs e)
{
    if (SaveFileDialog1.ShowDialog() == DialogResult.OK)
    {
        PictureBox1.Image.Save(SaveFileDialog1.FileName);
    }
}
//開啟影像
private void OpenToolStripMenuItem_Click(object sender, EventArgs e)
{
    if (OpenFileDialog1.ShowDialog() == DialogResult.OK)
    {
        Bitmap bmp = new Bitmap(OpenFileDialog1.FileName);
        f.Bmp2RGB(bmp);  //讀取 RGB 亮度陣列
        B = f.Gv;
        PictureBox1.Image = bmp;
    }
}
//找車牌字元目標群組
private void AlignToolStripMenuItem_Click(object sender, EventArgs e)
{
    Z = DoBinary(B); //二值化
    Q = Outline(Z); //建立輪廓點陣列
    C = getTargets(Q); //建立目標物件集合
    C = AlignTgs(C); //找到最多七個的字元目標群組
    //末字中心點與首字中心點的偏移量,斜率計算參數
    int n = C.Count;
    int dx = ((TgInfo)C[n - 1]).cx - ((TgInfo)C[0]).cx;
    int dy = ((TgInfo)C[n - 1]).cy - ((TgInfo)C[0]).cy;
    Inc = Math.Atan2((double)dy, (double)dx); //字元排列傾角
    //繪製有效目標
    Bitmap bmp = new Bitmap(f.nx, f.ny);
    for (int k = 0; k < C.Count; k++)
    {
        TgInfo T = (TgInfo)C[k];
        for (int m = 0; m < T.P.Count; m++)
        {
            Point p = (Point)T.P[m];
            bmp.SetPixel(p.X, p.Y, Color.Black);
        }
    }
```

```csharp
            PictureBox1.Image = bmp;
        }
        //二值化
        private byte[,] DoBinary(byte[,] b)
        {
            Th = ThresholdBuild(b);
            Z = new byte[f.nx, f.ny];
            for (int i = 1; i < f.nx - 1; i++)
            {
                int x = i / Gdim;
                for (int j = 1; j < f.ny - 1; j++)
                {
                    int y = j / Gdim;
                    if (f.Gv[i, j] < Th[x, y])
                    {
                        Z[i, j] = 1;
                    }
                }
            }
            return Z;
        }
        //門檻值陣列建立
        private int[,] ThresholdBuild(byte[,] b)
        {
            int kx = f.nx / Gdim, ky = f.ny / Gdim;
            Th = new int[kx, ky];
            //累計各區塊亮度值總和
            for (int i = 0; i < f.nx; i++)
            {
                int x = i / Gdim;
                for (int j = 0; j < f.ny; j++)
                {
                    int y = j / Gdim;
                    Th[x, y] += f.Gv[i, j];
                }
            }
            for (int i = 0; i < kx; i++)
            {
                for (int j = 0; j < ky; j++)
                {
                    Th[i, j] /= Gdim * Gdim;
                }
            }
            return Th;
```

```
}
//建立輪廓點陣列
private byte[,] Outline(byte[,] b)
{
    byte[,] Q = new byte[f.nx, f.ny];
    for (int i = 1; i < f.nx - 1; i++)
    {
        for (int j = 1; j < f.ny - 1; j++)
        {
            if (b[i, j] == 0) continue;
            if (b[i - 1, j] == 0) { Q[i, j] = 1; continue; }
            if (b[i + 1, j] == 0) { Q[i, j] = 1; continue; }
            if (b[i, j - 1] == 0) { Q[i, j] = 1; continue; }
            if (b[i, j + 1] == 0) { Q[i, j] = 1; }
        }
    }
    return Q;
}
//完整辨識處理
private void CorrectAllToolStripMenuItem_Click(object sender, EventArgs e)
{
    int n = C.Count; //目標總數
    //旋轉所有目標
    TgInfo[] T = new TgInfo[n]; Array[] M = new Array[n];
    int[] w = new int[n]; int[] h = new int[n];
    for (int k = 0; k < n; k++)
    {
        TgInfo G = (TgInfo)C[k];
        M[k] = Tg2Bin(G); //建立單一目標的二值化矩陣
        M[k] = RotateTg((byte[,])M[k], ref G, Inc); //旋轉目標
        T[k] = G; //儲存旋轉後的目標物件
        w[k] = G.width; //寬度陣列
        h[k] = G.height; //高度陣列
    }
    Array.Sort(w); Array.Sort(h); //寬高度排序，小到大
    mw = w[n - 2]; mh = h[n - 2]; //取第二寬或高的目標為標準，避開意外沾連的極端目標
    //車牌全圖矩陣，字元間隔 4 畫素
    byte[,] R = new byte[(Pw + 4) * n, Ph];
    MC = new Array[n];
    for (int k = 0; k < n; k++)
    {
        MC[k] = NmBin(T[k], (byte[,])M[k], mw, mh); //個別字元正規化矩陣
        int xs = (Pw + 4) * k;
        for (int i = 0; i < Pw; i++)
```

```csharp
            {
                for (int j = 0; j < Ph; j++)
                {
                    R[xs + i, j] = ((byte[,])MC[k])[i, j];
                }
            }
        }
        PictureBox1.Image = f.DWImg(R);  //顯示正規化之後的車牌
}
//建立單一目標的二值化矩陣
private byte[,] Tg2Bin(TgInfo T)
{
    byte[,] b = new byte[f.nx, f.ny];
    for (int n = 0; n < T.P.Count; n++)
    {
        Point p = (Point)T.P[n];
        b[p.X, p.Y] = 1;
        //向右連通成實心影像
        int i = p.X + 1;
        while (Z[i, p.Y] == 1)
        {
            b[i, p.Y] = 1; i += 1;
        }
        //向左連通成實心影像
        i = p.X - 1;
        while (Z[i, p.Y] == 1)
        {
            b[i, p.Y] = 1; i -= 1;
        }
    }
    return b;
}
//建立正規化目標二值化陣列
private byte[,] NmBin(TgInfo T, byte[,] M, int mw, int mh)
{
    double fx = (double)mw / Pw, fy = (double)mh / Ph;
    byte[,] V = new byte[Pw, Ph];
    for (int i = 0; i < Pw; i++)
    {
        int sx = 0;  //過窄字元的平移量,預設不平移
        if (T.width / mw < 0.75)  //過窄字元,可能為 1 或 I
        {
            sx = (mw - T.width) / 2;  //平移寬度差之一半
        }
```

```
                int x = (int)(T.xmn + i * fx - sx);
                if (x < 0 || x > f.nx - 1) continue;
                for (int j = 0; j < Ph; j++)
                {
                    int y = T.ymn + (int)(j * fy);
                    V[i, j] = M[x, y];
                }
            }
            return V;
        }
        //將單一目標轉正
        private byte[,] RotateTg(byte[,] b, ref TgInfo T, double A)
        {
            if (A == 0) return b; //無傾斜不須旋轉
            if (A > 0) A = -A; //順或逆時針傾斜時需要旋轉方向相反，經過推導 A 應該永遠為負值
            double[,] R = new double[2, 2]; //旋轉矩陣
            R[0, 0] = Math.Cos(A); R[0, 1] = Math.Sin(A);
            R[1, 0] = -R[0, 1]; R[1, 1] = R[0, 0];
            int x0 = T.xmn, y0 = T.ymx; //左下角座標
            //旋轉後之目標範圍
            int xmn = f.nx, xmx = 0, ymn = f.ny, ymx = 0;
            for (int i = T.xmn; i <= T.xmx; i++)
            {
                for (int j = T.ymn; j <= T.ymx; j++)
                {
                    if (b[i, j] == 0) continue; //空點無須旋轉
                    int x = i - x0, y = y0 - j; //轉換螢幕座標為直角座標
                    int xx = (int)(x * R[0, 0] + y * R[0, 1] + x0); //旋轉後 X 座標
                    if (xx < 1 || xx > f.nx - 2) continue; //邊界淨空
                    int yy = (int)(y0 - (x * R[1, 0] + y * R[1, 1])); //旋轉後 Y 座標
                    if (yy < 1 || yy > f.ny - 2) continue; //邊界淨空
                    b[i, j] = 0; b[xx, yy] = 1;
                    //旋轉後目標的範圍偵測
                    if (xx < xmn) xmn = xx;
                    if (xx > xmx) xmx = xx;
                    if (yy < ymn) ymn = yy;
                    if (yy > ymx) ymx = yy;
                }
            }
            //重設目標屬性
            T.xmn = xmn; T.xmx = xmx; T.ymn = ymn; T.ymx = ymx;
            T.width = T.xmx - T.xmn + 1; T.height = T.ymx - T.ymn + 1;
            T.cx = (T.xmx + T.xmn) / 2; T.cy = (T.ymx + T.ymn) / 2;
            //補足因為旋轉運算實產生的數位化誤差造成的資料空點
```

```csharp
            for (int i = T.xmn; i <= T.xmx; i++)
            {
                for (int j = T.ymn; j <= T.ymx; j++)
                {
                    if (b[i, j] == 1) continue;
                    if (b[i - 1, j] + b[i + 1, j] + b[i, j - 1] + b[i, j + 1] >= 3) b[i, j] = 1;
                }
            }
            return b;
        }
        //辨識整個車牌
        private void RecognizeAllToolStripMenuItem_Click(object sender, EventArgs e)
        {
            //計算最大字元間距與位置
            int n = C.Count, dmx = 0, mi = 0;
            for (int i = 0; i < n - 1; i++)
            {
                int d1 = ((TgInfo)C[i + 1]).cx - ((TgInfo)C[i]).cx;
                int d2 = ((TgInfo)C[i + 1]).cy - ((TgInfo)C[i]).cy;
                int d = (d1 * d1) + (d2 * d2);
                if (d > dmx)
                {
                    dmx = d; mi = i;
                }
            }
            LP = ""; //車牌字串
            int sc = 0; //符合度
            for (int i = 0; i < MC.Length; i++)
            {
                ChInfo k = BestC((byte[,])MC[i]);
                LP += k.Ch;
                sc += k.ft;
                if (i == mi) LP += '-';
            }
            sc /= MC.Length;
            LP = ChkLP(LP, sc);
            LP = ChkED(LP);
            MessageBox.Show(LP + "," + sc.ToString());
        }
        //檢驗車牌是否正確的程式
        private string ChkLP(string S, int V)
        {
            if (V < 500) return ""; //符合度低於及格分數
```

```csharp
    if (S.Length < 5) return ""; //包含分隔線在內字數小於 5
    int m = S.IndexOf('-'); //格線位置
    if (m == 1) return ""; //沒有 1-x 的字數區段格式
    return S; //合格車牌
}
//嘗試依據英數字規範修改車牌答案
private string ChkED(string S)
{
    char[] C = S.ToCharArray(); //字串轉成字元陣列
    int n1 = S.IndexOf('-'); //第一區段長度
    int n2 = C.Length - n1 - 1; //第二區段長度
    int d1 = 0, d2 = 0; //數字區的起終點
    if (n1 > n2) { d1 = 0; d2 = n1 - 1; } //第一區段較長
    if (n2 > n1) { d1 = n1 + 1; d2 = C.Length - 1; } //第二區段較長
    if (d2 == 0) return S; //無法判定純數字區段 (2-2 或 3-3)
    //嘗試將純數字區段的英文字改成數字
    for (int i = d1; i <= d2; i++)
    {
        C[i] = E2D(C[i]);
    }
    //如果是七碼車牌，強制將前三碼中的數字改成英文
    if (n1 == 3 && n2 == 4)
    {
        for (int i = 0; i <= 2; i++)
        {
            C[i] = D2E(C[i]);
        }
    }
    //重組字串
    S = "";
    for (int i = 0; i < C.Length; i++)
    {
        S += C[i];
    }
    return S;
}
//嘗試將英文字母變成相似的數字
private char E2D(char C)
{
    if (C == 'B') return '8';
    if (C == 'D') return '0';
    if (C == 'O') return '0';
    return C;
}
```

```csharp
//嘗試將英文字母變成相似的數字
private char D2E(char C)
{
    if (C == '8') return 'B';
    if (C == '0') return 'D';
    return C;
}
//最佳字元
private ChInfo BestC(byte[,] A)
{
    ChInfo C = new ChInfo();
    //六七碼正常字形比對
    for (int m = 0; m < 2; m++)
    {
        for (int k = 0; k < 36; k++)
        {
            int n0 = 0; //字模黑點數
            int nf = 0; //符合的黑點數
            for (int i = 0; i < Pw; i++)
            {
                for (int j = 0; j < Ph; j++)
                {
                    if (P[m, k, i, j] == 0)
                    {
                        if (A[i, j] == 1) nf -= 1; //目標與字模不符合點數
                    }
                    else
                    {
                        n0 += 1; //字模黑點數累計
                        if (A[i, j] == 1) nf += 1; //目標與字模符合點數
                    }
                }
            }
            int v = nf * 1000 / n0; //符合點數千分比
            if (v > C.ft)
            {
                C.ft = v;
                C.Ch = Ch[k];
                C.kind = m;
            }
        }
    }
    //變形 6 與 9 比對
    for (int k = 0; k < 2; k++)
```

```csharp
        {
            int n0 = 0; //字模黑點數
            int nf = 0; //符合的黑點數
            for (int i = 0; i < Pw; i++)
            {
                for (int j = 0; j < Ph; j++)
                {
                    if (P69[k, i, j] == 0)
                    {
                        if (A[i, j] == 1) nf -= 1; //目標與字模不符合點數
                    }
                    else
                    {
                        n0 += 1; //字模黑點數累計
                        if (A[i, j] == 1) nf += 1; //目標與字模符合點數
                    }
                }
            }
            int v = nf * 1000 / n0; //符合點數千分比
            if (v > C.ft)
            {
                C.ft = v;
                if (k == 0) { C.Ch = '6'; } else { C.Ch = '9'; }
            }
        }
        return C;
    }
    //啟動程式載入字模
    private void Form1_Load(object sender, EventArgs e)
    {
        //MessageBox.Show(ChkED("A8C-01D6"));
        FontLoad();
    }
    //載入字模
    private void FontLoad()
    {
        byte[] q = CsCharFit.Properties.Resources.font;
        int n = 0;
        for (int m = 0; m < 2; m++)
        {
            for (int k = 0; k < 36; k++)
            {
                for (int j = 0; j < Ph; j++)
                {
```

```csharp
                    for (int i = 0; i < Pw; i++)
                    {
                        P[m, k, i, j] = q[n]; n += 1;
                    }
                }
            }
        }
        for (int k = 0; k < 2; k++)
        {
            for (int j = 0; j < Ph; j++)
            {
                for (int i = 0; i < Pw; i++)
                {
                    P69[k, i, j] = q[n]; n += 1;
                }
            }
        }
    }
    //左方外插一字
    private void LeftExtToolStripMenuItem_Click(object sender, EventArgs e)
    {
        //字元間的最小間距
        int xd = f.nx, yd = f.ny;
        for (int i = 0; i < C.Count - 1; i++)
        {
            int dx = ((TgInfo)C[i + 1]).cx - ((TgInfo)C[i]).cx;
            if (dx < xd) xd = dx;
            int dy = ((TgInfo)C[i + 1]).cy - ((TgInfo)C[i]).cy;
            if (dy < yd) yd = dy;
        }
        TgInfo G = (TgInfo)C[0]; //複製一個外插的目標
        //目標位置移動
        G.cx -= xd; G.cy -= yd;
        G.xmn = G.cx - mw / 2; G.xmx = G.cx + mw / 2;
        G.ymn = G.cy - mh / 2; G.ymx = G.cy + mh / 2;
        //外插目標二值化陣列
        byte[,] A = new byte[f.nx, f.ny];
        for (int i = G.xmn; i <= G.xmx; i++)
        {
            for (int j = G.ymn; j <= G.ymx; j++)
            {
                A[i, j] = Z[i, j];
            }
        }
```

```csharp
        A = RotateTg(A, ref G, Inc); //旋轉目標
        byte[,] D = NmBin(G, A, mw, mh); //外插字元正規化
        ChInfo k = BestC(D); //辨識字元
        LP = k.Ch + LP; //外插字元加入車牌
        //繪圖顯示外插目標框線
        Bitmap bmp = new Bitmap(OpenFileDialog1.FileName);
        Rectangle rec = new Rectangle(G.xmn, G.ymn, mw, mh);
        Graphics Gr = Graphics.FromImage(bmp);
        Gr.DrawRectangle(Pens.Red, rec);
        PictureBox1.Image = bmp;
        MessageBox.Show(LP);
    }
}
//點選字元
private void PictureBox1_MouseDown(object sender, MouseEventArgs e)
{
    if (e.Button == MouseButtons.Left)
    {
        int m = e.X / (Pw + 4);
        if (m < 0 || m > MC.Length - 1) return;
        ChInfo C = BestC((byte[,])MC[m]);
        MessageBox.Show(C.Ch.ToString() + "," + C.ft.ToString());
    }
}
//以輪廓點建立目標陣列，排除負目標
int minHeight = 20, maxHeight = 80, minWidth = 2, maxWidth = 80, Tgmax = 20;
private ArrayList getTargets(byte[,] q)
{
    ArrayList A = new ArrayList();
    byte[,] b = (byte[,])q.Clone();
    for (int i = 1; i < f.nx - 1; i++)
    {
        for (int j = 1; j < f.ny - 1; j++)
        {
            if (b[i, j] == 0) continue;
            TgInfo G = new TgInfo();
            G.xmn = i; G.xmx = i; G.ymn = j; G.ymx = j; G.P = new ArrayList();
            ArrayList nc = new ArrayList();
            nc.Add(new Point(i, j)); G.P.Add(new Point(i, j));
            b[i, j] = 0;
            do
            {
                ArrayList nb = (ArrayList)nc.Clone();
                nc = new ArrayList();
                for (int m = 0; m < nb.Count; m++)
```

```csharp
                    {
                        Point p = (Point)nb[m];
                        for (int ii = p.X - 1; ii <= p.X + 1; ii++)
                        {
                            for (int jj = p.Y - 1; jj <= p.Y + 1; jj++)
                            {
                                if (b[ii, jj] == 0) continue;
                                Point k = new Point(ii, jj);
                                nc.Add(k); G.P.Add(k); G.np += 1;
                                if (ii < G.xmn) G.xmn = ii;
                                if (ii > G.xmx) G.xmx = ii;
                                if (jj < G.ymn) G.ymn = jj;
                                if (jj > G.ymx) G.ymx = jj;
                                b[ii, jj] = 0;
                            }
                        }
                    }
                } while (nc.Count > 0);
                if (Z[i - 1, j] == 1) continue;
                G.width = G.xmx - G.xmn + 1;
                G.height = G.ymx - G.ymn + 1;
                //以寬高大小篩選目標
                if (G.height < minHeight) continue;
                if (G.height > maxHeight) continue;
                if (G.width < minWidth) continue;
                if (G.width > maxWidth) continue;
                G.cx = (G.xmn + G.xmx) / 2; G.cy = (G.ymn + G.ymx) / 2; //中心點
                //計算目標的對比度
                for (int m = 0; m < G.P.Count; m++)
                {
                    int pm = PointPm((Point)G.P[m]);
                    if (pm > G.pm) G.pm = pm;
                }
                A.Add(G);
            }
        }
        //以對比度排序
        for (int i = 0; i <= Tgmax; i++)
        {
            if (i > A.Count - 1) break;
            for (int j = i + 1; j < A.Count; j++)
            {
                TgInfo T = (TgInfo)A[i], G = (TgInfo)A[j];
                if (T.pm < G.pm)
```

```csharp
                {
                    A[i] = G; A[j] = T;
                }
            }
        }
        //取得 Tgmax 個最明顯的目標輸出
        C = new ArrayList();
        for (int i = 0; i < Tgmax; i++)
        {
            if (i > A.Count - 1) break;
            TgInfo T = (TgInfo)A[i]; T.ID = i;
            C.Add(T);
        }
        return C; //回傳目標物件集合
    }
    //輪廓點與背景的對比度
    private int PointPm(Point p)
    {
        int x = p.X, y = p.Y, mx = B[x, y];
        if (mx < B[x - 1, y]) mx = B[x - 1, y];
        if (mx < B[x + 1, y]) mx = B[x + 1, y];
        if (mx < B[x, y - 1]) mx = B[x, y - 1];
        if (mx < B[x, y + 1]) mx = B[x, y + 1];
        return mx - B[x, y];
    }
    //找車牌字元目標群組
    private ArrayList AlignTgs(ArrayList C)
    {
        ArrayList R = new ArrayList();
        int pmx = 0;
        for (int i = 0; i < C.Count; i++)
        {
            TgInfo T = (TgInfo)C[i];
            ArrayList D = new ArrayList(); int Dm = 0;
            D.Add(T); Dm = T.pm;
            int x1 = (int)(T.cx - T.height * 2.5);
            int x2 = (int)(T.cx + T.height * 2.5);
            int y1 = (int)(T.cy - T.height * 1.5);
            int y2 = (int)(T.cy + T.height * 1.5);
            for (int j = 0; j < C.Count; j++)
            {
                if (i == j) continue;
                TgInfo G = (TgInfo)C[j];
                if (G.cx < x1) continue;
```

```csharp
                    if (G.cx > x2) continue;
                    if (G.cy < y1) continue;
                    if (G.cy > y2) continue;
                    if (G.width > T.height) continue;
                    if (G.height > T.height * 1.5) continue;
                    D.Add(G); Dm += G.pm;
                    if (D.Count >= 7) break;
                }
                if (Dm > pmx)
                {
                    pmx = Dm; R = D;
                }
            }
            //目標群位置左右排序
            if (R.Count > 1)
            {
                int n = R.Count;
                for (int i = 0; i < n - 1; i++)
                {
                    for (int j = i + 1; j < n; j++)
                    {
                        TgInfo Ti = (TgInfo)R[i], Tj = (TgInfo)R[j];
                        if (Ti.cx > Tj.cx)
                        {
                            R[i] = Tj; R[j] = Ti;
                        }
                    }
                }
            }
            return R;
        }
    }
}
```

09
CHAPTER

負片與黯淡車牌的辨識

CHECK POINT

9-1　如果你的車牌不是最耀眼的明星怎麼辦？
9-2　程式架構整理
9-3　如何完成多組車牌辨識的嘗試？
9-4　負片辨識

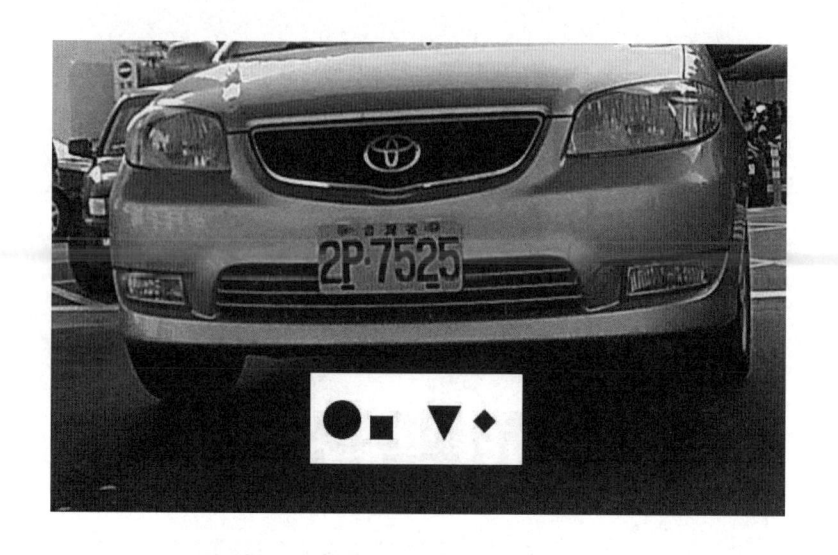

9-1 如果你的車牌不是最耀眼的明星怎麼辦？

截至目前為止，我們已經將一個完整的車牌辨識主流程介紹完畢。基本假設是找白底黑字的目標，而且是從對比度最高的目標找起。那如果最明亮顯眼的那組目標其實不是車牌呢？像上圖一樣，我們一定會先將那幾個圖案的組合當車牌，但也預期結果一定是無意義的答案，那時我們就必須繼續搜尋下一組目標了！當車牌本身在全景中較黯淡，背景又很複雜時，可能要找很多次才能找到真的車牌。

另一方面，車牌並不都是淺色背景深色字元的，如果是綠底白字的工程車，或紅底白字的遊覽車或重機等等，一開始就違反了我們的目標定義條件，當然是不可能辨識出車牌的！所以必須以負片方式再作一次辨識，才能套用前面幾章的技術內容找到白字車牌。以上兩點這些就是本章要介紹的主題了！

但是前面的那些章節滾動式的介紹方式，主要是讓讀者可以充分了解每一個辨識步驟的原理、事實現象與實作的方法。以程式寫作的角度來說是很不緊密簡潔，不太容易繼續衝建構更大規模程式的！所以我們會先作個整理。

9-2 程式架構整理

這一節文字內容會很長，但多數內容前面都介紹過，只是微調程式結構而已。請先建立如下的程式專案介面，主功能表只有 Open 與 Recognize 兩個按鍵，但為了顯示辨識過程作了一個 Panel 物件，裡面有：Gray, Binary, Outline 與 Target 等幾個單選按鈕，工作區當然是一個 PictureBox1。

完整的全域變數宣告如下，之前專案沒有的是 skp 這個陣列，用於標記已經處理(辨識)過的目標，這樣在全圖中找最明亮目標時才不會一直重複找到同一組：

```
 FastPixel f = new FastPixel(); //宣告快速繪圖物件
byte[,] B;  //灰階陣列
byte[,] Z;  //二值化陣列
byte[,] Q;  //輪廓線陣列
int minHeight = 20, maxHeight = 80, minWidth = 2, maxWidth = 80, Tgmax = 20; //目標範圍
int Gdim = 40;  //計算區域亮度區塊的寬與高
int[,] Th;  //每一區塊的平均亮度，二值化門檻值
ArrayList C, CA;  //目標物件集合
static int Pw = 25, Ph = 50;  //標準字模影像之寬與高
byte[,,] P = new byte[2, 36, Pw, Ph];  //六七碼車牌所有英數字二值化陣列
byte[,,] P69 = new byte[2, Pw, Ph];  //變形的 6 與 9
Array[] MC;  //正規化完成後的字元二值化陣列
bool[] skp;  //已檢視目標註記
double Inc = 0;  //車牌傾斜角度(>0 為順時針傾斜)
//字元對照表
//0-9→0-9
//10→A,11→B,12→C,13→D,14→E,15→F,16→G,17→H,18→I,19→J
//20→K,21→L,22→M,23→N,24→O,25→P,26→Q,27→R,28→S,29→T
//30→U,31→V,32→W,33→X,34→Y,35→Z
char[] Ch = new char[] { '0', '1', '2', '3', '4', '5', '6', '7', '8', '9',
    'A', 'B', 'C', 'D', 'E', 'F', 'G', 'H', 'I', 'J', 'K', 'L', 'M', 'N',
    'O', 'P', 'Q', 'R', 'S', 'T', 'U', 'V', 'W', 'X', 'Y', 'Z' };
```

下面是目標(TgInfo)、字元(ChInfo)與車牌(LPInfo)的三個資料結構(Structure)，前兩者與之前專案大致一樣，車牌結構是用來記錄有關整張車牌辨識結果的資訊：

```csharp
//目標物件類別
class TgInfo
{
    public int np = 0; //目標點數
    public ArrayList P = null; //目標點的集合
    public int xmn = 0, xmx = 0, ymn = 0, ymx = 0; //四面座標極值
    public int width = 0, height = 0; //寬與高
    public int pm = 0; //目標與背景的對比強度
    public int cx = 0, cy = 0; //目標中心點座標
    public int ID = 0; //依對比度排序的序號
    public TgInfo Clone(TgInfo T)
    {
        TgInfo G = new TgInfo();
        G.np = T.np;
        G.P = T.P;
        G.xmn = T.xmn;
        G.xmx = T.xmx;
        G.ymn = T.ymn;
        G.ymx = T.ymx;
        G.width = T.width;
        G.height = T.height;
        G.cx = T.cx;
        G.cy = T.cy;
        G.ID = T.ID;
        return G;
    }
}
//最佳字元結構
class ChInfo {
    public char Ch; //最符合字元
    public int ft; //符合度評分
    public int kind; //六或七碼字元，0→六碼，1→七碼
}
//車牌資料結構
class LPInfo {
    public string A; //車牌號碼
    public int Sc; //符合度
```

```
    public int N;  //車牌字元目標個數
    public int kind;  //六或七碼字型
    public int xmn, xmx, ymn, ymx;  //車牌四邊極值
    public int width, height;  //車牌寬與高
    public int cx, cy;  //車牌中心點座標
}
```

主功能表中的 Open 及 Form_Load 事件時匯入字模資料的程式與前一章相同，可直接複製無須修改。Recognize 按鍵功能是之前由影像到車牌整個辨識程序的整合，程式碼如下：

```
//辨識整個車牌
private void RecognizeToolStripMenuItem_Click(object sender, EventArgs e)
{
    Z = DoBinary(B);  //二值化
    Q = Outline(Z);  //建立輪廓點陣列
    CA = getTargets(Q);  //建立所有目標物件集合
    skp = new bool[CA.Count];
    LPInfo R = new LPInfo();
    R = getLP(CA);
    this.Text = R.A + "," + R.Sc.ToString() + "," + R.cx.ToString() + "," + R.cy.ToString();
}
```

幾個影像前處理程序，到 getTargets 為止都完全沒變，增加的是宣告 skp 陣列與目標數目同大，稍後被處理過的目標要在此陣列中註記為 True，以及將前幾章的辨識程序進一步封裝為一個 getLP 的副程式，程式碼如下：

```
//依據可能目標組合辨識車牌
private LPInfo getLP(ArrayList A)
{
    LPInfo R = new LPInfo();  //建立車牌資訊物件
    C = AlignTgs(A);  //找到最多七個的字元目標組合
    int n = C.Count;  //目標個數
    for (int i = 0; i < n; i++)
    {
        skp[i] = true;  //標示目標已處理
    }
    if (n < 4) return R;  //目標數目不足以構成車牌
    R.N = n;  //車牌目標個數
```

```csharp
//末字中心點與首字中心點的偏移量,斜率計算參數
int dx = ((TgInfo)C[n - 1]).cx - ((TgInfo)C[0]).cx;
int dy = ((TgInfo)C[n - 1]).cy - ((TgInfo)C[0]).cy;
Inc = Math.Atan2((double)dy, (double)dx); //字元排列傾角
//旋轉所有目標
TgInfo[] T = new TgInfo[n]; Array[] M = new Array[n];
int[] w = new int[n]; int[] h = new int[n];
R.xmn = f.nx; R.xmx = 0; R.ymn = f.ny; R.ymx = 0; //車牌四面極值
for (int k = 0; k < n; k++)
{
    TgInfo G = (TgInfo)C[k];
    M[k] = Tg2Bin(G); //建立單一目標的二值化矩陣
    M[k] = RotateTg((byte[,])M[k], ref G, Inc); //旋轉目標
    T[k] = G; //儲存旋轉後的目標物件
    w[k] = G.width; //寬度陣列
    h[k] = G.height; //高度陣列
    if (G.xmn < R.xmn) R.xmn = G.xmn;
    if (G.xmx > R.xmx) R.xmx = G.xmx;
    if (G.ymn < R.ymn) R.ymn = G.ymn;
    if (G.ymx > R.ymx) R.ymx = G.xmx;
}
R.width = R.xmx - R.xmn + 1; R.height = R.ymx - R.ymn + 1; //車牌寬高
R.cx = (R.xmn + R.xmx) / 2; R.cy = (R.ymn + R.ymx) / 2; //車牌中心點
Array.Sort(w); Array.Sort(h); //寬高度排序,小到大
int mw = w[n - 2]; int mh = h[n - 2]; //取第二寬或高的目標為標準,避開意外沾連的極端目標
//目標正規化→寬高符合字模
MC = new Array[n]; //正規化後之字元二值化陣列
for (int k = 0; k < n; k++)
{
    MC[k] = NmBin(T[k], (byte[,])M[k], mw, mh);
}
//計算最大字元間距與位置
int dmx = 0, mi = 0;
for (int i = 0; i < n - 1; i++)
{
    int d1 = ((TgInfo)C[i + 1]).cx - ((TgInfo)C[i]).cx;
    int d2 = ((TgInfo)C[i + 1]).cy - ((TgInfo)C[i]).cy;
    int d = d1 ^ 2 + d2 ^ 2;
    if (d > dmx)
    {
        dmx = d; mi = i;
    }
}
```

```
    for (int i = 0; i < MC.Length; i++)
    {
        ChInfo k = BestC((byte[,])MC[i]);
        R.A += k.Ch;//車牌字串累加
        R.Sc += k.ft;//字源符合度累加
        if (i == mi) R.A += '-';
    }
    R.Sc /= MC.Length;
    R = ChkLP(R);//檢查是否為合格車牌
    R = ChkED(R);//修正英數字
    return R;  //回傳車牌資料
}
```

此副程式的功能就是饋入所有的目標物件集合，傳回一個車牌資訊物件。首先是找出可能的車牌目標群組，過程中會忽略已處理過的目標，所以可以重複使用，譬如第一組車牌答案無意義就可以繼續用此副程式搜尋第二組可能的車牌，但是 skp 的資訊必須持續。

找到可能的目標群組之後就是在此進行：目標二值化(Tg2Bin)→旋轉(RotateTg)→正規化(NmBin)→辨識字元(BestC)→組織車牌資訊→檢查車牌合理性(ChkLP)→依照車牌格式強制修正英數字(ChkED)，最後回傳車牌資訊物件。其中 Tg2Bin，RotateTg 與 NmBin 副程式的內容都沒改變與前面章節一樣，但是 BestC 則有比較大的改變，程式碼如下：

```
//最佳字元
private ChInfo BestC(byte[,] A)
{
    ChInfo C = new ChInfo();
    //六七碼正常字形比對
    for (int m = 0; m < 2; m++)
    {
        for (int k = 0; k < 36; k++)
        {
            int n0 = 0; //字模黑點數
            int nf = 0; //符合的黑點數
            for (int i = 0; i < Pw; i++)
            {
                for (int j = 0; j < Ph; j++)
                {
                    if (P[m, k, i, j] == 0)
```

```csharp
                    {
                        if (A[i, j] == 1) nf -= 1; //目標與字模不符合點數
                    }
                    else
                    {
                        n0 += 1; //字模黑點數累計
                        if (A[i, j] == 1) nt += 1; //目標與字模符合點數
                    }
                }
            }
            int v = nf * 1000 / n0; //符合點數千分比
            if (v > C.ft)
            {
                C.ft = v;
                C.Ch = Ch[k];
                C.kind = m;
            }
        }
    }
}
//變形 6 與 9 比對
for (int k = 0; k < 2; k++)
{
    int n0 = 0; //字模黑點數
    int nf = 0; //符合的黑點數
    for (int i = 0; i < Pw; i++)
    {
        for (int j = 0; j < Ph; j++)
        {
            if (P69[k, i, j] == 0)
            {
                if (A[i, j] == 1) nf -= 1; //目標與字模不符合點數
            }
            else
            {
                n0 += 1; //字模黑點數累計
                if (A[i, j] == 1) nf += 1; //目標與字模符合點數
            }
        }
    }
    int v = nf * 1000 / n0; //符合點數千分比
    if (v > C.ft)
    {
        C.ft = v;
        if (k == 0) { C.Ch = '6'; } else { C.Ch = '9'; }
```

```
            }
        }
        return C;
    }
```

跟前章介紹的 BestC 差別是我們加了兩層迴圈 x 與 y，讓目標上下左右各移動一個畫素的距離作比對，找出最大的符合度。這在實務上是很有用處的，因為二值化過程讓目標因為邊界的雜訊偏移一兩個畫素是常有的事，就跟瞄準插入卡榫一樣，有時偏移一個畫素符合度就大增了！尤其是原始目標畫素尺度較小時幫助更大！

檢查車牌資訊合理性的副程式 ChkLP 程式碼如下，前一章也介紹過，但此地的參數與回傳值都改成車牌資訊物件了！車牌物件的 A 屬性是車牌號碼，Sc 屬性是符合度，600 以下就是不及格，凡是不及格的就會回傳空物件，主程式就知道沒找到車牌了！

```
//檢驗車牌是否正確的程式
private LPInfo ChkLP(LPInfo R)
{
    if (R.Sc < 600) return new LPInfo(); //符合度低於及格分數
    if (R.A.Length < 5) return new LPInfo(); //包含分隔線在內字數小於 5
    int m = R.A.IndexOf('-'); //格線位置
    if (m == 1) return new LPInfo(); //沒有 1-x 的字數區段格式
    return R; //合格車牌
}
```

依據格式修正英數字的程式 ChkED 程式碼如下，也是輸出入都變成車牌資訊物件，內容功能則與前一章相同，附屬的 E2D 與 D2E 副程式一起列出。

```
//嘗試依據英數字規範修改車牌答案
private LPInfo ChkED(LPInfo R)
{
    if (R.A == null) return R;
    char[] C = R.A.ToCharArray(); //字串轉成字元陣列
    int n1 = R.A.IndexOf('-'); //第一區段長度
    int n2 = C.Length - n1 - 1; //第二區段長度
    int d1 = 0, d2 = 0; //數字區的起終點
    if (n1 > n2) { d1 = 0; d2 = n1 - 1; } //第一區段較長
    if (n2 > n1) { d1 = n1 + 1; d2 = C.Length - 1; } //第二區段較長
```

```
        if (d2 == 0) return R; //無法判定純數字區段(2-2 或 3-3)
        //嘗試將純數字區段的英文字改成數字
        for (int i = d1; i <= d2; i++)
        {
            C[i] = E2D(C[i]);
        }
        //如果是七碼車牌,強制將前三碼中的數字改成英文
        if (n1 == 3 && n2 == 4)
        {
            for (int i = 0; i <= 2; i++)
            {
                C[i] = D2E(C[i]);
            }
        }
        //重組字串
        R.A = "";
        for (int i = 0; i < C.Length; i++)
        {
            R.A += C[i];
        }
        return R;
    }
    //嘗試將英文字母變成相似的數字
    private char E2D(char C)
    {
        if (C == 'B') return '8';
        if (C == 'D') return '0';
        if (C == 'O') return '0';
        if (C == 'Q') return '0';
        return C;
    }
    //嘗試將英文字母變成相似的數字
    private char D2E(char C)
    {
        if (C == '8') return 'B';
        if (C == '0') return 'D';
        return C;
    }
```

接下來我們是 Gray, Binary, Outline 與 Target 幾個圖形顯示按鈕的程式如下:

```
    //灰階
    private void RadioButton1_CheckedChanged(object sender, EventArgs e)
    {
        if (RadioButton1.Checked)
```

```
    {
        PictureBox1.Image = f.GrayImg(B);
    }
}
//二值化圖
private void RadioButton2_CheckedChanged(object sender, EventArgs e)
{
    if (RadioButton2.Checked)
    {
        PictureBox1.Image = f.BWImg(Z);
    }
}
//輪廓線
private void RadioButton3_CheckedChanged(object sender, EventArgs e)
{
    if (RadioButton3.Checked)
    {
        PictureBox1.Image = f.BWImg(Q);
    }
}
//所有合格目標
private void RadioButton4_CheckedChanged(object sender, EventArgs e)
{
    if (RadioButton4.Checked)
    {
        if (CA == null) return;
        Bitmap bmp = new Bitmap(f.nx, f.ny);
        for (int k = 0; k < CA.Count; k++)
        {
            TgInfo T = (TgInfo)CA[k];
            for (int m = 0; m < T.P.Count; m++) {
                Point p = (Point)T.P[m];
                bmp.SetPixel(p.X, p.Y,Color.Black );
            }
        }
        PictureBox1.Image = bmp;
    }
}
```

這些介面程式在我們研究辨識過程時非常重要！從一張影像到辨識出答案的過程非常複雜，如果我們只知道「**無法辨識**」的結果，卻說不出是在哪一個步驟凸槌？就會顯得很不專業了！真正影像辨識的「**原廠**」一定可以替客戶解釋這些錯誤原因,也可以據此思考讓演算法調整精進。但機器學習作出的軟體就很難這麼作了!因為連「設計者」都不知道電腦為何要這麼辨識?那是電腦自行統計出來的演算法。

9-3 如何完成多組車牌辨識的嘗試?

做好以上的整理工作之後,我們先用本章首頁的加工誤導的影像以程式現狀辨識,結果一定是沒有車牌的!因為它一定是辨識下面這個東西,如果你用中斷點看,答案一定很奇怪,符合度分數也很低!

這樣的不合理答案當然會被 ChkLP 所封殺,我們只要讓它用既有資料排除這幾個目標再找一次應該就可以找到正確的車牌了!請將 Recognize 主程式改成這樣:

```
//辨識整個車牌
private void RecognizeToolStripMenuItem_Click(object sender, EventArgs e)
{
    Z = DoBinary(B); //二值化
    Q = Outline(Z); //建立輪廓點陣列
    CA = getTargets(Q); //建立所有目標物件集合
    skp = new bool[CA.Count];
    LPInfo R = new LPInfo();
    //目標搜尋辨識
    for (int k = 0; k < 3; k++)
    {
        R = getLP(CA);
        if (R.Sc > 0) break; //有合理答案立即跳出迴圈
```

```
            }
            this.Text = R.A + "," + R.Sc.ToString() + "," + R.cx.ToString() + "," + 
R.cy.ToString();
        }
```

　　讓 getLP 副程式的執行變成迴圈，如果某回合出現合理的答案就跳出迴圈結束辨識，以此例來說當然第二次就會辨識到了！並在標題列顯示結果，畫面如下圖。前面辨識過的目標在此都會被 skp 陣列標示，後續辨識時就不會重複了！

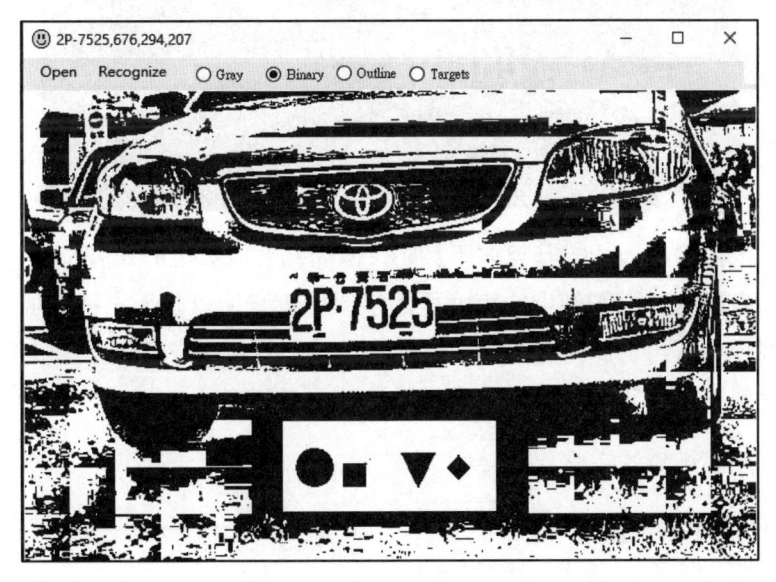

　　或許有人會說為何不用 Do While 迴圈？就是不限次數的找到有車牌為止？這其實是不好的設計！因為消極面來說車牌通常不會是很不清楚的目標，頭兩三次找不到通常就表示沒有車牌，不必找了！如果硬要讓所有目標都試過，碰上目標太多的無車牌影像就會很浪費時間了！根本沒車牌你還找得特別久？客戶就會說你的軟體很笨了！

9-4 負片辨識

　　根據現有的程式，面對如下圖的工程車，即使你讓辨識迴圈跑到天荒地老也是不會有答案的！因為車牌字是白色的，在建立目標的階段就不會被收集到，後續的目標組合當然不會有那幾個字！所以必須將灰階影像變成負片後再跑所有的辨識流程才行！

雖然正片變成負片的計算並不耗時，但因為九成以上的車牌都是白底黑字，我們也不會預先知道影像上的車牌是黑字或白字？所以必須先嘗試辨識正片，沒有發現車牌時再嘗試辨識負片，這就會讓「負片辨識」感覺上比較慢！如果你直接跳過正常的正片辨識，其實辨識速度是差不多的。

正負片都辨識的完整程式碼如下：

```
//辨識整個車牌
private void RecognizeToolStripMenuItem_Click(object sender, EventArgs e)
{
    Z = DoBinary(B); //二值化
    Q = Outline(Z); //建立輪廓點陣列
    CA = getTargets(Q); //建立所有目標物件集合
    skp = new bool[CA.Count];
    LPInfo R = new LPInfo();
    //目標搜尋辨識
    for (int k = 0; k < 3; k++)
    {
        R = getLP(CA);
        if (R.Sc > 0) break; //有合理答案立即跳出迴圈
    }
    //負片辨識
    if (R.Sc == 0)
    {
```

```csharp
            B = Negative(B);
            Z = DoBinary(B); //二值化
            Q = Outline(Z); //建立輪廓點陣列
            CA = getTargets(Q); //建立所有目標物件集合
            skp = new bool[CA.Count];
            for (int k = 0; k < 3; k++)
            {
                R = getLP(CA);
                if (R.Sc > 0) break; //有合理答案立即跳出迴圈
            }
        }
            this.Text = R.A + "," + R.Sc.ToString() + "," + R.cx.ToString() + "," + R.cy.ToString();
        }
        //負片
        private byte[,] Negative(byte[,] b)
        {
            for (int i = 0; i < f.nx; i++)
            {
                for (int j = 0; j < f.ny; j++)
                {
                    b[i, j] = (byte)(255 - b[i, j]);
                }
            }
            return b;
        }
```

完整專案

```csharp
using System;
using System.Collections;
using System.Collections.Generic;
using System.ComponentModel;
using System.Data;
using System.Diagnostics.Eventing.Reader;
using System.Drawing;
using System.Linq;
using System.Text;
using System.Threading.Tasks;
using System.Windows.Forms;

namespace CsRGBshow
{

    public partial class Form1 : Form
    {
        public Form1()
        {
            InitializeComponent();
        }
        FastPixel f = new FastPixel(); //宣告快速繪圖物件
        byte[,] B; //灰階陣列
        byte[,] Z; //二值化陣列
        byte[,] Q; //輪廓線陣列
        int minHeight = 20, maxHeight = 80, minWidth = 2, maxWidth = 80, Tgmax = 20;
//目標範圍
        int Gdim = 40; //計算區域亮度區塊的寬與高
        int[,] Th; //每一區塊的平均亮度,二值化門檻值
        ArrayList C, CA; //目標物件集合
        static int Pw = 25, Ph = 50; //標準字模影像之寬與高
        byte[,,] P = new byte[2, 36, Pw, Ph]; //六七碼車牌所有英數字二值化陣列
        byte[,,] P69 = new byte[2, Pw, Ph]; //變形的6與9
        Array[] MC; //正規化完成後的字元二值化陣列
        bool[] skp; //已檢視目標註記
        double Inc = 0; //車牌傾斜角度(>0 為順時針傾斜)
        //字元對照表
        //0-9→0-9
        //10→A,11→B,12→C,13→D,14→E,15→F,16→G,17→H,18→I,19→J
        //20→K,21→L,22→M,23→N,24→O,25→P,26→Q,27→R,28→S,29→T
        //30→U,31→V,32→W,33→X,34→Y,35→Z
        char[] Ch = new char[] { '0', '1', '2', '3', '4', '5', '6', '7', '8', '9',
```

```csharp
        'A', 'B', 'C', 'D', 'E', 'F', 'G', 'H', 'I', 'J', 'K', 'L', 'M', 'N',
        'O', 'P', 'Q', 'R', 'S', 'T', 'U', 'V', 'W', 'X', 'Y', 'Z' };

    //辨識整個車牌
    private void RecognizeToolStripMenuItem_Click(object sender, EventArgs e)
    {
        Z = DoBinary(B); //二值化
        Q = Outline(Z); //建立輪廓點陣列
        CA = getTargets(Q); //建立所有目標物件集合
        skp = new bool[CA.Count];
        LPInfo R = new LPInfo();
        //目標搜尋辨識
        for (int k = 0; k < 3; k++)
        {
            R = getLP(CA);
            if (R.Sc > 0) break; //有合理答案立即跳出迴圈
        }
        //負片辨識
        if (R.Sc == 0)
        {
            B = Negative(B);
            Z = DoBinary(B); //二值化
            Q = Outline(Z); //建立輪廓點陣列
            CA = getTargets(Q); //建立所有目標物件集合
            skp = new bool[CA.Count];
            for (int k = 0; k < 3; k++)
            {
                R = getLP(CA);
                if (R.Sc > 0) break; //有合理答案立即跳出迴圈
            }
        }
        this.Text = R.A + "," + R.Sc.ToString() + "," + R.cx.ToString() + "," + R.cy.ToString();
    }
    //負片
    private byte[,] Negative(byte[,] b)
    {
        for (int i = 0; i < f.nx; i++)
        {
            for (int j = 0; j < f.ny; j++)
            {
                b[i, j] = (byte)(255 - b[i, j]);
            }
        }
        return b;
```

```csharp
}
//依據可能目標組合辨識車牌
private LPInfo getLP(ArrayList A)
{
    LPInfo R = new LPInfo(); //建立車牌資訊物件
    C = AlignTgs(A); //找到最多七個的字元目標組合
    int n = C.Count; //目標個數
    for (int i = 0; i < n; i++)
    {
        skp[i] = true; //標示目標已處理
    }
    if (n < 4) return R; //目標數目不足以構成車牌
    R.N = n; //車牌目標個數
    //末字中心點與首字中心點的偏移量,斜率計算參數
    int dx = ((TgInfo)C[n - 1]).cx - ((TgInfo)C[0]).cx;
    int dy = ((TgInfo)C[n - 1]).cy - ((TgInfo)C[0]).cy;
    Inc = Math.Atan2((double)dy, (double)dx); //字元排列傾角
    //旋轉所有目標
    TgInfo[] T = new TgInfo[n]; Array[] M = new Array[n];
    int[] w = new int[n]; int[] h = new int[n];
    R.xmn = f.nx; R.xmx = 0; R.ymn = f.ny; R.ymx = 0; //車牌四面極值
    for (int k = 0; k < n; k++)
    {
        TgInfo G = (TgInfo)C[k];
        M[k] = Tg2Bin(G); //建立單一目標的二值化矩陣
        M[k] = RotateTg((byte[,])M[k], ref G, Inc); //旋轉目標
        T[k] = G; //儲存旋轉後的目標物件
        w[k] = G.width; //寬度陣列
        h[k] = G.height; //高度陣列
        if (G.xmn < R.xmn) R.xmn = G.xmn;
        if (G.xmx > R.xmx) R.xmx = G.xmx;
        if (G.ymn < R.ymn) R.ymn = G.ymn;
        if (G.ymx > R.ymx) R.ymx = G.xmx;
    }
    R.width = R.xmx - R.xmn + 1; R.height = R.ymx - R.ymn + 1; //車牌寬高
    R.cx = (R.xmn + R.xmx) / 2; R.cy = (R.ymn + R.ymx) / 2; //車牌中心點
    Array.Sort(w); Array.Sort(h); //寬高度排序,小到大
    int mw = w[n - 2]; int mh = h[n - 2]; //取第二寬或高的目標為標準,避開意外沾連的極端目標
    //目標正規化→寬高符合字模
    MC = new Array[n]; //正規化後之字元二值化陣列
    for (int k = 0; k < n; k++)
    {
        MC[k] = NmBin(T[k], (byte[,])M[k], mw, mh);
    }
```

```
   //計算最大字元間距與位置
   int dmx = 0, mi = 0;
   for (int i = 0; i < n - 1; i++)
   {
      int d1 = ((TgInfo)C[i + 1]).cx - ((TgInfo)C[i]).cx;
      int d2 = ((TgInfo)C[i + 1]).cy - ((TgInfo)C[i]).cy;
      int d = d1 ^ 2 + d2 ^ 2;
      if (d > dmx)
      {
         dmx = d; mi = i;
      }
   }
   for (int i = 0; i < MC.Length; i++)
   {
      ChInfo k = BestC((byte[,])MC[i]);
      R.A += k.Ch;//車牌字串累加
      R.Sc += k.ft;//字源符合度累加
      if (i == mi) R.A += '-';
   }
   R.Sc /= MC.Length;
   R = ChkLP(R);//檢查是否為合格車牌
   R = ChkED(R);//修正英數字
   return R; //回傳車牌資料
}
//檢驗車牌是否正確的程式
private LPInfo ChkLP(LPInfo R)
{
   if (R.Sc < 600) return new LPInfo(); //符合度低於及格分數
   if (R.A.Length < 5) return new LPInfo(); //包含分隔線在內字數小於5
   int m = R.A.IndexOf('-');  //格線位置
   if (m == 1) return new LPInfo(); //沒有1-x 的字數區段格式
   return R;  //合格車牌
}
//嘗試依據英數字規範修改車牌答案
private LPInfo ChkED(LPInfo R)
{
   if (R.A == null) return R;
   char[] C = R.A.ToCharArray();  //字串轉成字元陣列
   int n1 = R.A.IndexOf('-');  //第一區段長度
   int n2 = C.Length - n1 - 1;  //第二區段長度
   int d1 = 0, d2 = 0;  //數字區的起終點
   if (n1 > n2) { d1 = 0; d2 = n1 - 1; }  //第一區段較長
   if (n2 > n1) { d1 = n1 + 1; d2 = C.Length - 1; }  //第二區段較長
   if (d2 == 0) return R;  //無法判定純數字區段(2-2 或 3-3)
   //嘗試將純數字區段的英文字改成數字
```

```csharp
        for (int i = d1; i <= d2; i++)
        {
            C[i] = E2D(C[i]);
        }
        //如果是七碼車牌，強制將前三碼中的數字改成英文
        if (n1 == 3 && n2 == 4)
        {
            for (int i = 0; i <= 2; i++)
            {
                C[i] = D2E(C[i]);
            }
        }
        //重組字串
        R.A = "";
        for (int i = 0; i < C.Length; i++)
        {
            R.A += C[i];
        }
        return R;
    }
    //嘗試將英文字母變成相似的數字
    private char E2D(char C)
    {
        if (C == 'B') return '8';
        if (C == 'D') return '0';
        if (C == 'O') return '0';
        if (C == 'Q') return '0';
        return C;
    }
    //嘗試將英文字母變成相似的數字
    private char D2 E(char C)
    {
        if (C == '8') return 'B';
        if (C == '0') return 'D';
        return C;
    }
    //最佳字元
    private ChInfo BestC(byte[,] A)
    {
        ChInfo C = new ChInfo();
        //六七碼正常字形比對
        for (int m = 0; m < 2; m++)
        {
            for (int k = 0; k < 36; k++)
            {
```

```
                int n0 = 0; //字模黑點數
                int nf = 0; //符合的黑點數
                for (int i = 0; i < Pw; i++)
                {
                    for (int j = 0; j < Ph; j++)
                    {
                        if (P[m, k, i, j] == 0)
                        {
                            if (A[i, j] == 1) nf -= 1; //目標與字模不符合點數
                        }
                        else
                        {
                            n0 += 1; //字模黑點數累計
                            if (A[i, j] == 1) nf += 1; //目標與字模符合點數
                        }
                    }
                }
                int v = nf * 1000 / n0; //符合點數千分比
                if (v > C.ft)
                {
                    C.ft = v;
                    C.Ch = Ch[k];
                    C.kind = m;
                }
            }
        }
        //變形 6 與 9 比對
        for (int k = 0; k < 2; k++)
        {
            int n0 = 0; //字模黑點數
            int nf = 0; //符合的黑點數
            for (int i = 0; i < Pw; i++)
            {
                for (int j = 0; j < Ph; j++)
                {
                    if (P69[k, i, j] == 0)
                    {
                        if (A[i, j] == 1) nf -= 1; //目標與字模不符合點數
                    }
                    else
                    {
                        n0 += 1; //字模黑點數累計
                        if (A[i, j] == 1) nf += 1; //目標與字模符合點數
                    }
                }
```

```csharp
            }
            int v = nf * 1000 / n0;  //符合點數千分比
            if (v > C.ft)
            {
                C.ft = v;
                if (k == 0) { C.Ch = '6'; } else { C.Ch = '9'; }
            }
        }
    }
    return C;
}
//建立單一目標的二值化矩陣
private byte[,] Tg2Bin(TgInfo T)
{
    byte[,] b = new byte[f.nx, f.ny];
    for (int n = 0; n < T.P.Count; n++)
    {
        Point p = (Point)T.P[n];
        b[p.X, p.Y] = 1;
        //向右連通成實心影像
        int i = p.X + 1;
        while (Z[i, p.Y] == 1)
        {
            b[i, p.Y] = 1; i += 1;
        }
        //向左連通成實心影像
        i = p.X - 1;
        while (Z[i, p.Y] == 1)
        {
            b[i, p.Y] = 1; i -= 1;
        }
    }
    return b;
}
//建立正規化目標二值化陣列
private byte[,] NmBin(TgInfo T, byte[,] M, int mw, int mh)
{
    double fx = (double)mw / Pw, fy = (double)mh / Ph;
    byte[,] V = new byte[Pw, Ph];
    for (int i = 0; i < Pw; i++)
    {
        int sx = 0;  //過窄字元的平移量,預設不平移
        if (T.width / mw < 0.75)  //過窄字元,可能為1或I
        {
            sx = (mw - T.width) / 2;  //平移寬度差之一半
        }
```

```
            int x = (int)(T.xmn + i * fx - sx);
            if (x < 0 || x > f.nx - 1) continue;
            for (int j = 0; j < Ph; j++)
            {
                int y = T.ymn + (int)(j * fy);
                V[i, j] = M[x, y];
            }
        }
        return V;
    }
    //將單一目標轉正
    private byte[,] RotateTg(byte[,] b, ref TgInfo T, double A)
    {
        if (A == 0) return b; //無傾斜不須旋轉
        if (A > 0) A = -A; / /順或逆時針傾斜時需要旋轉方向相反，經過推導 A 應該永遠為負值
        double[,] R = new double[2, 2]; //旋轉矩陣
        R[0, 0] = Math.Cos(A); R[0, 1] = Math.Sin(A);
        R[1, 0] = -R[0, 1]; R[1, 1] = R[0, 0];
        int x0 = T.xmn, y0 = T.ymx; //左下角座標
        //旋轉後之目標範圍
        int xmn = f.nx, xmx = 0, ymn = f.ny, ymx = 0;
        for (int i = T.xmn; i <= T.xmx; i++)
        {
            for (int j = T.ymn; j <= T.ymx; j++)
            {
                if (b[i, j] == 0) continue; //空點無須旋轉
                int x = i - x0, y = y0 - j; //轉換螢幕座標為直角座標
                int xx = (int)(x * R[0, 0] + y * R[0, 1] + x0); //旋轉後 X 座標
                if (xx < 1 || xx > f.nx - 2) continue; //邊界淨空
                int yy = (int)(y0 - (x * R[1, 0] + y * R[1, 1])); //旋轉後 Y 座標
                if (yy < 1 || yy > f.ny - 2) continue; //邊界淨空
                b[i, j] = 0; b[xx, yy] = 1;
                //旋轉後目標的範圍偵測
                if (xx < xmn) xmn = xx;
                if (xx > xmx) xmx = xx;
                if (yy < ymn) ymn = yy;
                if (yy > ymx) ymx = yy;
            }
        }
        //重設目標屬性
        T.xmn = xmn; T.xmx = xmx; T.ymn = ymn; T.ymx = ymx;
        T.width = T.xmx - T.xmn + 1; T.height = T.ymx - T.ymn + 1;
        T.cx = (T.xmx + T.xmn) / 2; T.cy = (T.ymx + T.ymn) / 2;
        //補足因為旋轉運算實產生的數位化誤差造成的資料空點
```

```csharp
            for (int i = T.xmn; i <= T.xmx; i++)
            {
                for (int j = T.ymn; j <= T.ymx; j++)
                {
                    if (b[i, j] == 1) continue;
                    if (b[i - 1, j] + b[i + 1, j] + b[i, j - 1] + b[i, j + 1] >= 3) b[i, j] = 1;
                }
            }
            return b;
        }
        //找車牌字元目標群組
        private ArrayList AlignTgs(ArrayList C)
        {
            ArrayList R = new ArrayList();
            int pmx = 0;
            for (int i = 0; i < C.Count; i++)
            {
                if (skp[i]) continue; //已處理目標
                TgInfo T = (TgInfo)C[i];
                ArrayList D = new ArrayList(); int Dm = 0;
                D.Add(T); Dm = T.pm;
                int x1 = (int)(T.cx - T.height * 2.5);
                int x2 = (int)(T.cx + T.height * 2.5);
                int y1 = (int)(T.cy - T.height * 1.5);
                int y2 = (int)(T.cy + T.height * 1.5);
                for (int j = 0; j < C.Count; j++)
                {
                    if (skp[j]) continue; //已處理目標
                    if (i == j) continue;
                    TgInfo G = (TgInfo)C[j];
                    if (G.cx < x1) continue;
                    if (G.cx > x2) continue;
                    if (G.cy < y1) continue;
                    if (G.cy > y2) continue;
                    if (G.width > T.height) continue;
                    if (G.height > T.height * 1.5) continue;
                    D.Add(G); Dm += G.pm;
                    if (D.Count >= 7) break;
                }
                if (Dm > pmx)
                {
                    pmx = Dm; R = D;
                }
            }
```

```csharp
//目標群位置左右排序
if (R.Count > 1)
{
    int n = R.Count;
    for (int i = 0; i < n - 1; i++)
    {
        for (int j = i + 1; j < n; j++)
        {
            TgInfo Ti = (TgInfo)R[i], Tj = (TgInfo)R[j];
            if (Ti.cx > Tj.cx)
            {
                R[i] = Tj; R[j] = Ti;
            }
        }
    }
}
return R;
}
//以輪廓點建立目標陣列，排除負目標
private ArrayList getTargets(byte[,] q)
{
    ArrayList A = new ArrayList();
    byte[,] b = (byte[,])q.Clone();
    for (int i = 1; i < f.nx - 1; i++)
    {
        for (int j = 1; j < f.ny - 1; j++)
        {
            if (b[i, j] == 0) continue;
            TgInfo G = new TgInfo();
            G.xmn = i; G.xmx = i; G.ymn = j; G.ymx = j; G.P = new ArrayList();
            ArrayList nc = new ArrayList();
            nc.Add(new Point(i, j)); G.P.Add(new Point(i, j));
            b[i, j] = 0;
            do
            {
                ArrayList nb = (ArrayList)nc.Clone();
                nc = new ArrayList();
                for (int m = 0; m < nb.Count; m++)
                {
                    Point p = (Point)nb[m];
                    for (int ii = p.X - 1; ii <= p.X + 1; ii++)
                    {
                        for (int jj = p.Y - 1; jj <= p.Y + 1; jj++)
                        {
                            if (b[ii, jj] == 0) continue;
```

```csharp
                            Point k = new Point(ii, jj);
                            nc.Add(k); G.P.Add(k); G.np += 1;
                            if (ii < G.xmn) G.xmn = ii;
                            if (ii > G.xmx) G.xmx = ii;
                            if (jj < G.ymn) G.ymn = jj;
                            if (jj > G.ymx) G.ymx = jj;
                            b[ii, jj] = 0;
                        }
                    }
                }
            } while (nc.Count > 0);
            if (Z[i - 1, j] == 1) continue;
            G.width = G.xmx - G.xmn + 1;
            G.height = G.ymx - G.ymn + 1;
            //以寬高大小篩選目標
            if (G.height < minHeight) continue;
            if (G.height > maxHeight) continue;
            if (G.width < minWidth) continue;
            if (G.width > maxWidth) continue;
            G.cx = (G.xmn + G.xmx) / 2; G.cy = (G.ymn + G.ymx) / 2; //中心點
            //計算目標的對比度
            for (int m = 0; m < G.P.Count; m++)
            {
                int pm = PointPm((Point)G.P[m]);
                if (pm > G.pm) G.pm = pm;
            }
            A.Add(G);
        }
    }
    //以對比度排序
    for (int i = 0; i <= Tgmax; i++)
    {
        if (i > A.Count - 1) break;
        for (int j = i + 1; j < A.Count; j++)
        {
            TgInfo T = (TgInfo)A[i], G = (TgInfo)A[j];
            if (T.pm < G.pm)
            {
                A[i] = G; A[j] = T;
            }
        }
    }
    //取得 Tgmax 個最明顯的目標輸出
    C = new ArrayList();
    for (int i = 0; i < Tgmax; i++)
```

```csharp
        {
            if (i > A.Count - 1) break;
            TgInfo T = (TgInfo)A[i]; T.ID = i;
            C.Add(T);
        }
        return C; //回傳目標物件集合
    }
    //輪廓點與背景的對比度
    private int PointPm(Point p)
    {
        int x = p.X, y = p.Y, mx = B[x, y];
        if (mx < B[x - 1, y]) mx = B[x - 1, y];
        if (mx < B[x + 1, y]) mx = B[x + 1, y];
        if (mx < B[x, y - 1]) mx = B[x, y - 1];
        if (mx < B[x, y + 1]) mx = B[x, y + 1];
        return mx - B[x, y];
    }
    //二值化
    private byte[,] DoBinary(byte[,] b)
    {
        Th = ThresholdBuild(b);
        Z = new byte[f.nx, f.ny];
        for (int i = 1; i < f.nx - 1; i++)
        {
            int x = i / Gdim;
            for (int j = 1; j < f.ny - 1; j++)
            {
                int y = j / Gdim;
                if (f.Gv[i, j] < Th[x, y])
                {
                    Z[i, j] = 1;
                }
            }
        }
        return Z;
    }
    //灰階
    private void RadioButton1_CheckedChanged(object sender, EventArgs e)
    {
        if (RadioButton1.Checked)
        {
            PictureBox1.Image = f.GrayImg(B);
        }
    }
    //二值化圖
```

```csharp
private void RadioButton2_CheckedChanged(object sender, EventArgs e)
{
    if (RadioButton2.Checked)
    {
        PictureBox1.Image = f.BWImg(Z);
    }
}
//輪廓線
private void RadioButton3_CheckedChanged(object sender, EventArgs e)
{
    if (RadioButton3.Checked)
    {
        PictureBox1.Image = f.BWImg(Q);
    }
}
//所有合格目標
private void RadioButton4_CheckedChanged(object sender, EventArgs e)
{
    if (RadioButton4.Checked)
    {
        if (CA == null) return;
        Bitmap bmp = new Bitmap(f.nx, f.ny);
        for (int k = 0; k < CA.Count; k++)
        {
            TgInfo T = (TgInfo)CA[k];
            for (int m = 0; m < T.P.Count; m++)
            {
                Point p = (Point)T.P[m];
                bmp.SetPixel(p.X, p.Y, Color.Black);
            }
        }
        PictureBox1.Image = bmp;
    }
}
//門檻值陣列建立
private int[,] ThresholdBuild(byte[,] b)
{
    int kx = f.nx / Gdim, ky = f.ny / Gdim;
    Th = new int[kx, ky];
    //累計各區塊亮度值總和
    for (int i = 0; i < f.nx; i++)
    {
        int x = i / Gdim;
        for (int j = 0; j < f.ny; j++)
        {
```

```csharp
                int y = j / Gdim;
                Th[x, y] += f.Gv[i, j];
            }
        }
        for (int i = 0; i < kx; i++)
        {
            for (int j = 0; j < ky; j++)
            {
                Th[i, j] /= Gdim * Gdim;
            }
        }
        return Th;
    }
    //建立輪廓點陣列
    private byte[,] Outline(byte[,] b)
    {
        byte[,] Q = new byte[f.nx, f.ny];
        for (int i = 1; i < f.nx - 1; i++)
        {
            for (int j = 1; j < f.ny - 1; j++)
            {
                if (b[i, j] == 0) continue;
                if (b[i - 1, j] == 0) { Q[i, j] = 1; continue; }
                if (b[i + 1, j] == 0) { Q[i, j] = 1; continue; }
                if (b[i, j - 1] == 0) { Q[i, j] = 1; continue; }
                if (b[i, j + 1] == 0) { Q[i, j] = 1; }
            }
        }
        return Q;
    }
    //開啟影像
    private void OpenToolStripMenuItem_Click(object sender, EventArgs e)
    {
        if (OpenFileDialog1.ShowDialog() == DialogResult.OK)
        {
            Bitmap bmp = new Bitmap(OpenFileDialog1.FileName);
            f.Bmp2RGB(bmp); //讀取 RGB 亮度陣列
            B = f.Gv;
            PictureBox1.Image = bmp;
        }
    }
    //啟動程式載入字模
    private void Form1_Load(object sender, EventArgs e)
    {
        FontLoad();
```

```csharp
        }
        //載入字模
        private void FontLoad()
        {
            byte[] q = CsLPRexp.Properties.Resources.font;
            int n = 0;
            for (int m = 0; m < 2; m++)
            {
                for (int k = 0; k < 36; k++)
                {
                    for (int j = 0; j < Ph; j++)
                    {
                        for (int i = 0; i < Pw; i++)
                        {
                            P[m, k, i, j] = q[n]; n += 1;
                        }
                    }
                }
            }
            for (int k = 0; k < 2; k++)
            {
                for (int j = 0; j < Ph; j++)
                {
                    for (int i = 0; i < Pw; i++)
                    {
                        P69[k, i, j] = q[n]; n += 1;
                    }
                }
            }
        }
        //儲存影像
        private void SaveImageToolStripMenuItem_Click_1(object sender, EventArgs e)
        {
            if (SaveFileDialog1.ShowDialog() == DialogResult.OK)
            {
                PictureBox1.Image.Save(SaveFileDialog1.FileName);
            }
        }
    }
}
```

10
CHAPTER

立體空間
斜視影像的處理

CHECK POINT

10-1 光是旋轉與縮放還是不夠的

10-2 上下平移錯位的實驗

10-3 將平移錯位變形處理納入辨識程序

10-4 這一章教我們的事情

影像辨識實務應用－使用 C#

10-1 光是旋轉與縮放還是不夠的

前面九章似乎已經把車牌辨識會遇到的大部分問題都解決了，傳統車牌辨識系統最難作到的高角度水平傾斜我們都可以處理了！但這樣還是不夠的，上圖是第五章用的影像，當時我們只是介紹把車牌字元以群組方式找出來，但是如果你用第七章的程式將他們轉成車牌的虛擬影像會變成這樣，字源還是歪斜的！

如果你懷疑是我的程式計算有誤，使用 PhotoShop 軟體作出來的結果也是完全一樣的！我們可以先將車牌字元盡量轉成水平，再作二值化處理將車牌字元切割出來，那些字元真的都還是明顯向左邊傾倒的！

可以預期拿這樣的影像去比對字模是一定不會成功的！為何如此？因為車牌影像是在立體(三維)世界拍攝的，我們前面的字元目標影像處理包括了：

CHAPTER **10** 立體空間斜視影像的處理

平移、旋轉與縮放，其中只有不限長寬比的縮放方式可以處理部分側向斜視的變形，但是如果側視與俯視同時發生，原來矩形的字元就不再保證是個矩形了！請看下面的示意圖：

上圖左邊是標準字模，中間是單純的平面旋轉，右邊就是在三維空間斜視可能看到的變形 T 了！字元的橫線與直線不再保證垂直了！不管你怎麼旋轉都無法與字模對齊。這種情況蠻多的，多數近距離用手機拍的照片都有這種問題，近年出現的路邊停車柱的車牌辨識也有這個問題，當你的車牌辨識碰到這種看起來很正面清晰的車牌都無法辨識時，就很難對客戶解釋了！

如果我們知道變形的字元就是T字，其實不難處理，讓影像上下平移錯位，上面拉左邊下面拉右邊，拉到中軸線變成垂直的就好了！但是英數字的字元那麼多，我們也不會在沒比對字模之前就知道它是甚麼字？如果知道就根本不必處理影像了嘛！所以我們必須從前面的虛擬車牌影像著手！

我們必須使用全圖的特徵統計，找到一個最佳的上下平移錯位值，將整個虛擬車牌的字元一起轉正！正確的結果應該是像下圖一樣，怎麼作呢？本章會慢慢說給你聽！

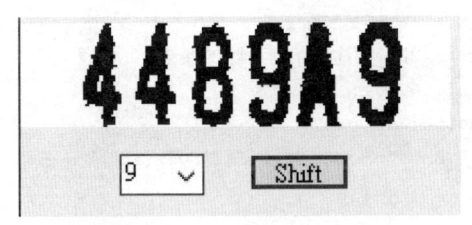

影像辨識實務應用－使用 C#

10-2 上下平移錯位的實驗

```
Recognize Experiment
Open   Recognize   ○Gray ○Binary ○Outline ●Targets ○Plate  [0 ▼]  Shift
```

首先請複製上一章的程式專案，新增一個 Plate 單選按鈕，加上一個有 1-13 選項的 ComboBox1，以及一個 Button1。先到公用變數區加入這一行宣告：

```
byte[,] V; //虛擬車牌二值化陣列
```

Plate 按鈕是用來繪製虛擬車牌的程式：

```csharp
//車牌
private void RadioButton5_CheckedChanged(object sender, EventArgs e)
{
    if (RadioButton5.Checked)
    {
        if (V == null) return;
        PictureBox1.Image = f.BWImg(V);
    }
}
```

我們先將 Recognize 主程式簡化為只做一次辨識的簡單狀態：

```csharp
//辨識整個車牌
private void RecognizeToolStripMenuItem_Click(object sender, EventArgs e)
{
    Z = DoBinary(B); //二值化
    Q = Outline(Z); //建立輪廓點陣列
    CA = getTargets(Q); //建立所有目標物件集合
    skp = new bool[CA.Count];
    LPInfo R = getLP(CA);
    this.Text = R.A + "," + R.Sc.ToString() + "," + R.cx.ToString() + "," + R.cy.ToString();
}
```

再到 getLP 副程式末段，加入以下粗體字部分的程式(其他程式碼是既有程式)：

10-4

```
//計算最大字元間距與位置
int dmx = 0, mi = 0;
for (int i = 0; i < n - 1; i++)
{
    int d1 = ((TgInfo)C[i + 1]).cx - ((TgInfo)C[i]).cx;
    int d2 = ((TgInfo)C[i + 1]).cy - ((TgInfo)C[i]).cy;
    int d = (d1 *d1) + (d2 *d2);
    if (d > dmx)
    {
        dmx = d; mi = i;
    }
}
//車牌虛擬矩陣,字元間隔 2 畫素
int wd = Pw + (Pw + 2) * n + Pw;
V = new byte[wd, Ph];
for (int k = 0; k < n; k++)
{
    int xs = Pw + (Pw + 2) * k; //X 偏移量
    for (int i = 0; i < Pw; i++)
    {
        for (int j = 0; j < Ph; j++)
        {
            V[xs + i, j] = ((byte[,])MC[k])[i, j];
        }
    }
}
for (int i = 0; i < MC.Length; i++)
{
    ChInfo k = BestC((byte[,])MC[i]);
    R.A += k.Ch;
    R.Sc += k.ft;
    if (i == mi) R.A += '-';
}
```

執行程式讀入本章首頁的圖檔,按下 Recognize 按鍵,再按 Plate 出現虛擬車牌之後即可開始作實驗,改變 ComboBox1 的內容,看看不同的平移量扭正車牌的效果,每次執行後跳出的訊息框會顯示虛擬車牌中有幾個 X 值的畫素是全白的,白色直線數量越多表示整個字元組的字越端正,**字元間的空隙越明顯**。

從 1 到 13 點錯位的白色直線數大致是這樣的：72，76，81，81，81，85，84，85，87，83，82，82，80。最高值是在 9，最佳偏移量就是 9 了！相對的，如果車牌本來就拍得很正面，沒有太多這種變形呢？你可以拿前面幾章的車牌影像作實驗，最佳的偏移量都會很接近 0！

10-3 將平移錯位變形處理納入辨識程序

上一節的程式當然只是「教學用」的！如果你希望自己的車牌辨識可以自動處理好這種變形，當然就必須將以上運算變成辨識流程的一部份，看起來程式碼還蠻多的，就先寫成一個副程式吧！

```csharp
//左右傾倒校正
private void IncCorrect(byte[,] V)
{
    int n = C.Count; //目標個數
    int wd = Pw + (Pw + 2) * n + Pw; //虛擬車牌二值化陣列寬度
    int mx = 0, mk = 0; //空白垂直線最大數，最佳偏移量
    byte[,] S0 = new byte[wd, Ph]; //最佳校正之車牌二值化陣列
    for (int sx = -15; sx < 16; sx++) //嘗試偏移量
    {
        byte[,] S = new byte[wd, Ph]; //虛擬車牌陣列
        double z = (double)sx / (Ph - 1); //每一畫素高度的 X 錯位量
        for (int j = 0; j < Ph; j++)
        {
            int dx = (int)(z * (Ph - 1 - j)); //X 移動量
            for (int i = 0; i < wd; i++)
            {
                int x = i + dx;
                if (x < 0 || x > wd - 1) continue;
                S[x, j] = V[i, j];
            }
        }
```

```
//計算錯位後的虛擬車牌中有幾個垂直空白線？越多表示字元越正直
int n0 = 0;
for (int i = 0; i < wd; i++)
{
    int m = 0;
    for (int j = 0; j < Ph; j++)
    {
        m += S[i, j];
    }
    if (m == 0) n0 += 1;
}
if (n0 > mx)
{
    mx = n0; mk = sx; S0 = S;
}
}
if (mk != 0)  //需要調整傾倒字元，將修正後之車牌二值化影像重作目標擷取
{
    Z = new byte[f.nx, f.ny];
    for (int i = 0; i < wd; i++)
    {
        for (int j = 0; j < Ph; j++)
        {
            Z[i + 10, j + 10] = S0[i, j];
        }
    }
    Q = Outline(Z); //建立輪廓點陣列
    CA = getTargets(Q); //建立所有目標物件集合
    skp = new bool[CA.Count];
    C = AlignTgs(CA); //群組化車牌目標
    n = C.Count;
    TgInfo[] T = new TgInfo[n];
    Array[] M = new Array[n];
    int[] w = new int[n], h = new int[n];
    for (int k = 0; k < n; k++)
    {
        TgInfo G = (TgInfo)C[k];
        M[k] = Tg2Bin(G); //建立單一目標的二值化矩陣
        T[k] = G; //儲存旋轉後的目標物件
        w[k] = G.width; h[k] = G.height;
    }
    Array.Sort(w); Array.Sort(h);
```

```
        int mw = w[n - 2], mh = h[n - 2];
        for (int k = 0; k < n; k++)
        {
            MC[k] = NmBin(T[k], (byte[,])M[k], mw, mh);
        }
    }
}
```

這個副程式的前半部其實就是上一節的實驗,偏移量設定從-10 到+10 畫素,嘗試找到最佳的變形扭曲平移量 mk,如果 mk 就是 0,表示沒有變形,就不需要作任何處理。如果 mk<>0,當然就是將原始虛擬車牌的陣列用最佳變形處理後的 S0 陣列取代了!此時有點尷尬,我們的個別字元目標其實都被改變了!

所以要接續作字模比對的話,目標必須重新設定。比較簡單的程序是將這個虛擬車牌當作是原圖的二值化陣列,再作一次完整的目標擷取程序,好像全圖只有這幾個已經轉正的二值化目標一樣!看起來會有很多辨識程序都重作了,但是因為實際的資訊量少了,也簡化了,所以並不會耗時太久的!

此副程式其實就是檢驗是否有這種變形?如果有!就重作一些處理程序,產出新的經過變形轉正處理的 MC 陣列,所以只要插入原來的 getLP 主辨識程序中適當的位置就可以了!下面黑體字就是副程式應該插入的位置:

```
//車牌虛擬矩陣,字元間隔 2 畫素
int wd = Pw + (Pw + 2) * n + Pw;
V = new byte[wd, Ph];
for (int k = 0; k < n; k++)
{
    int xs = Pw + (Pw + 2) * k; //X 偏移量
    for (int i = 0; i < Pw; i++)
    {
        for (int j = 0; j < Ph; j++)
        {
            V[xs + i, j] = ((byte[,])MC[k])[i, j];
        }
    }
}
IncCorrect(V); //字元傾倒偵測校正
```

```
for (int i = 0; i < MC.Length; i++)
{
    ChInfo k = BestC((byte[,])MC[i]);
    R.A += k.Ch;
    R.Sc += k.ft;
    if (i == mi) R.A += '-';
}
```

此時再嘗試辨識本章使用的影像範例,結果就會變成這樣,可以正確辨識了!

10-4 這一章教我們的事情

這一章的處理內容其實意義重大!傳統上多數已公開的車牌辨識演算法,都是以車牌目標是一個二維空間的 OCR 目標為假設,在全圖中它應該是一個矩形,像下面的這張車牌搜尋示意圖:

摘自：http://portal.ptivs.ptc.edu.tw/sys/lib/read_attach.php?id=1039

　　在這種假設之下，車牌當然必須拍得很正面不能有太大的傾斜！通常傾斜10度就會讓這種演算法失敗找不到車牌的位置，所以雖然本書算是入門等級的影像辨識書，嚴格講也不是本公司車牌辨識產品演算法的完整介紹，但是已經具有超越多數現有市售車牌辨識產品演算法的學術價值了！

　　但是真正的立體辨識並非只是克服車牌的旋轉角度而已，譬如下圖影像就不需要本章介紹的演算程序，只用前面一章的程式也可以辨識成功！因為字元本身基本上還是符合矩形假設的，利用車牌字元的排列找到轉角度轉正目標即可。

但是如果像下圖的情況，因為斜視的關係，連字元目標本身也不再能假設為一個矩形，而是個平行四邊形時，本章的演算法就變成必要的辨識程序了！

至此，我們的車牌辨識教學告一段落，但是要作出真正很通用高辨識率的軟體，你還需要非常多的細節處理能力。但是本書至此已經介紹了很重要的，在立體空間產生變形時的處理方式！傳統的 OCR 應該會教到如何將「平面」上經過掃描產生的影像作辨識處理，但是現在很多需要辨識的影像是來自手機或攝影機，因此會有斜視或目標本身距離取向點不一致的變形，這應該是影像辨識的一個重要新課題。

當然如果你是期待用機器學習技術進行辨識的人，可能就會失望了！因為這種空間變形的可能性是連續性，也幾乎沒有任何形狀限制的！一個矩形目標可以變成任意形狀的四邊形，這該如何經過機率統計的方式去「學習」呢？但無論如何，在立體空間造成的視覺變形必然是新一代的影像處理技術必須正視的問題。

完整專案

```csharp
using System;
using System.Collections;
using System.Collections.Generic;
using System.ComponentModel;
using System.Data;
using System.Diagnostics.Eventing.Reader;
using System.Drawing;
using System.Linq;
using System.Text;
using System.Threading.Tasks;
using System.Windows.Forms;
using System.Xml.Xsl;

namespace CsRGBshow
{

    public partial class Form1 : Form
    {
        public Form1()
        {
            InitializeComponent();
        }
        FastPixel f = new FastPixel(); //宣告快速繪圖物件
        byte[,] B; //灰階陣列
        byte[,] Z; //二值化陣列
        byte[,] Q; //輪廓線陣列
        int minHeight = 20, maxHeight = 80, minWidth = 2, maxWidth = 80, Tgmax = 20; //目標範圍
        int Gdim = 40; //計算區域亮度區塊的寬與高
        int[,] Th; //每一區塊的平均亮度,二值化門檻值
        ArrayList C, CA; //目標物件集合
        static int Pw = 25, Ph = 50; //標準字模影像之寬與高
        byte[,,] P = new byte[2, 36, Pw, Ph]; //六七碼車牌所有英數字二值化陣列
        byte[,,] P69 = new byte[2, Pw, Ph]; //變形的 6 與 9
        Array[] MC; //正規化完成後的字元二值化陣列
        bool[] skp; //已檢視目標註記
        double Inc = 0; //車牌傾斜角度(>0 為順時針傾斜)
        byte[,] V; //虛擬車牌二值化陣列
        //字元對照表
        //0-9→0-9
```

```csharp
//10→A,11→B,12→C,13→D,14→E,15→F,16→G,17→H,18→I,19→J
//20→K,21→L,22→M,23→N,24→O,25→P,26→Q,27→R,28→S,29→T
//30→U,31→V,32→W,33→X,34→Y,35→Z
char[] Ch = new char[] { '0', '1', '2', '3', '4', '5', '6', '7', '8', '9',
    'A', 'B', 'C', 'D', 'E', 'F', 'G', 'H', 'I', 'J', 'K', 'L', 'M', 'N',
    'O', 'P', 'Q', 'R', 'S', 'T', 'U', 'V', 'W', 'X', 'Y', 'Z' };

//辨識整個車牌
private void RecognizeToolStripMenuItem_Click(object sender, EventArgs e)
{
    Z = DoBinary(B);  //二值化
    Q = Outline(Z);  //建立輪廓點陣列
    CA = getTargets(Q);  //建立所有目標物件集合
    skp = new bool[CA.Count];
    LPInfo R = getLP(CA);
    this.Text = R.A + "," + R.Sc.ToString() + "," + R.cx.ToString() + "," +
R.cy.ToString();
}
//左右傾倒校正
private void IncCorrect(byte[,] V)
{
    int n = C.Count;  //目標個數
    int wd = Pw + (Pw + 2) * n + Pw;  //虛擬車牌二值化陣列寬度
    int mx = 0, mk = 0;  //空白垂直線最大數,最佳偏移量
    byte[,] S0 = new byte[wd, Ph];  //最佳校正之車牌二值化陣列
    for (int sx = -15; sx < 16; sx++)  //嘗試偏移量
    {
        byte[,] S = new byte[wd, Ph];  //虛擬車牌陣列
        double z = (double)sx / (Ph - 1);  //每一畫素高度的X錯位量
        for (int j = 0; j < Ph; j++)
        {
            int dx = (int)(z * (Ph - 1 - j));  //X移動量
            for (int i = 0; i < wd; i++)
            {
                int x = i + dx;
                if (x < 0 || x > wd - 1) continue;
                S[x, j] = V[i, j];
            }
        }
        //計算錯位後的虛擬車牌中有幾個垂直空白線?越多表示字元越正直
        int n0 = 0;
        for (int i = 0; i < wd; i++)
```

```csharp
        {
            int m = 0;
            for (int j = 0; j < Ph; j++)
            {
                m += S[i, j];
            }
            if (m == 0) n0 += 1;
        }
        if (n0 > mx)
        {
            mx = n0; mk = sx; S0 = S;
        }
    }
    if (mk != 0)  //需要調整傾倒字元,將修正後之車牌二值化影像重作目標擷取
    {
        Z = new byte[f.nx, f.ny];
        for (int i = 0; i < wd; i++)
        {
            for (int j = 0; j < Ph; j++)
            {
                Z[i + 10, j + 10] = S0[i, j];
            }
        }
        Q = Outline(Z);  //建立輪廓點陣列
        CA = getTargets(Q);  //建立所有目標物件集合
        skp = new bool[CA.Count];
        C = AlignTgs(CA);  //群組化車牌目標
        n = C.Count;
        TgInfo[] T = new TgInfo[n];
        Array[] M = new Array[n];
        int[] w = new int[n], h = new int[n];
        for (int k = 0; k < n; k++)
        {
            TgInfo G = (TgInfo)C[k];
            M[k] = Tg2Bin(G);  //建立單一目標的二值化矩陣
            T[k] = G;  //儲存旋轉後的目標物件
            w[k] = G.width; h[k] = G.height;
        }
        Array.Sort(w); Array.Sort(h);
        int mw = w[n - 2], mh = h[n - 2];
        for (int k = 0; k < n; k++)
        {
```

```csharp
            MC[k] = NmBin(T[k], (byte[,])M[k], mw, mh);
        }
    }
}
//依據可能目標組合辨識車牌
private LPInfo getLP(ArrayList A)
{
    LPInfo R = new LPInfo(); //建立車牌資訊物件
    C = AlignTgs(A); //找到最多七個的字元目標組合
    int n = C.Count; //目標個數
    for (int i = 0; i < n; i++)
    {
        skp[i] = true; //標示目標已處理
    }
    if (n < 4) return R; //目標數目不足以構成車牌
    R.N = n; //車牌目標個數
    //末字中心點與首字中心點的偏移量,斜率計算參數
    int dx = ((TgInfo)C[n - 1]).cx - ((TgInfo)C[0]).cx;
    int dy = ((TgInfo)C[n - 1]).cy - ((TgInfo)C[0]).cy;
    Inc = Math.Atan2((double)dy, (double)dx); //字元排列傾角
    //旋轉所有目標
    TgInfo[] T = new TgInfo[n]; Array[] M = new Array[n];
    int[] w = new int[n]; int[] h = new int[n];
    R.xmn = f.nx; R.xmx = 0; R.ymn = f.ny; R.ymx = 0; //車牌四面極值
    for (int k = 0; k < n; k++)
    {
        TgInfo G = (TgInfo)C[k];
        M[k] = Tg2Bin(G); //建立單一目標的二值化矩陣
        M[k] = RotateTg((byte[,])M[k], ref G, Inc); //旋轉目標
        T[k] = G; //儲存旋轉後的目標物件
        w[k] = G.width; //寬度陣列
        h[k] = G.height; //高度陣列
        if (G.xmn < R.xmn) R.xmn = G.xmn;
        if (G.xmx > R.xmx) R.xmx = G.xmx;
        if (G.ymn < R.ymn) R.ymn = G.ymn;
        if (G.ymx > R.ymx) R.ymx = G.xmx;
    }
    R.width = R.xmx - R.xmn + 1; R.height = R.ymx - R.ymn + 1; //車牌寬高
    R.cx = (R.xmn + R.xmx) / 2; R.cy = (R.ymn + R.ymx) / 2; //車牌中心點
    Array.Sort(w); Array.Sort(h); //寬高度排序,小到大
    int mw = w[n - 2]; int mh = h[n - 2]; //取第二寬或高的目標為標準,避開意外沾
連的極端目標
```

```csharp
//目標正規化→寬高符合字模
MC = new Array[n];  //正規化後之字元二值化陣列
for (int k = 0; k < n; k++)
{
    MC[k] = NmBin(T[k], (byte[,])M[k], mw, mh);
}
//計算最大字元間距與位置
int dmx = 0, mi = 0;
for (int i = 0; i < n - 1; i++)
{
    int d1 = ((TgInfo)C[i + 1]).cx - ((TgInfo)C[i]).cx;
    int d2 = ((TgInfo)C[i + 1]).cy - ((TgInfo)C[i]).cy;
    int d = (d1 *d1) + (d2 *d2);
    if (d > dmx)
    {
        dmx = d; mi = i;
    }
}
//車牌虛擬矩陣,字元間隔 2 畫素
int wd = Pw + (Pw + 2) * n + Pw;
V = new byte[wd, Ph];
for (int k = 0; k < n; k++)
{
    int xs = Pw + (Pw + 2) * k;  //X 偏移量
    for (int i = 0; i < Pw; i++)
    {
        for (int j = 0; j < Ph; j++)
        {
            V[xs + i, j] = ((byte[,])MC[k])[i, j];
        }
    }
}
IncCorrect(V);  //字元傾倒偵測校正
for (int i = 0; i < MC.Length; i++)
{
    ChInfo k = BestC((byte[,])MC[i]);
    R.A += k.Ch;
    R.Sc += k.ft;
    if (i == mi) R.A += '-';
}
R.Sc /= MC.Length;
R = ChkLP(R);
```

```
    R = ChkED(R);
    return R;  //回傳車牌資料
}
//檢驗車牌是否正確的程式
private LPInfo ChkLP(LPInfo R)
{
    if (R.Sc < 600) return new LPInfo(); //符合度低於及格分數
    if (R.A.Length < 5) return new LPInfo(); //包含分隔線在內字數小於5
    int m = R.A.IndexOf('-'); //格線位置
    if (m == 1) return new LPInfo(); //沒有1-x 的字數區段格式
    return R;  //合格車牌
}
//嘗試依據英數字規範修改車牌答案
private LPInfo ChkED(LPInfo R)
{
    if (R.A == null) return R;
    char[] C = R.A.ToCharArray(); //字串轉成字元陣列
    int n1 = R.A.IndexOf('-'); //第一區段長度
    int n2 = C.Length - n1 - 1; //第二區段長度
    int d1 = 0, d2 = 0; //數字區的起終點
    if (n1 > n2) { d1 = 0; d2 = n1 - 1; } //第一區段較長
    if (n2 > n1) { d1 = n1 + 1; d2 = C.Length - 1; } //第二區段較長
    if (d2 == 0) return R; //無法判定純數字區段(2-2 或 3-3)
    //嘗試將純數字區段的英文字改成數字
    for (int i = d1; i <= d2; i++)
    {
        C[i] = E2D(C[i]);
    }
    //如果是七碼車牌，強制將前三碼中的數字改成英文
    if (n1 == 3 && n2 == 4)
    {
        for (int i = 0; i <= 2; i++)
        {
            C[i] = D2E(C[i]);
        }
    }
    //重組字串
    R.A = "";
    for (int i = 0; i < C.Length; i++)
    {
        R.A += C[i];
    }
```

```csharp
        return R;
    }
    //嘗試將英文字母變成相似的數字
    private char E2D(char C)
    {
        if (C == 'B') return '8';
        if (C == 'D') return '0';
        if (C == 'O') return '0';
        if (C == 'Q') return '0';
        return C;
    }
    //嘗試將英文字母變成相似的數字
    private char D2E(char C)
    {
        if (C == '8') return 'B';
        if (C == '0') return 'D';
        return C;
    }
    //最佳字元
    private ChInfo BestC(byte[,] A)
    {
        ChInfo C = new ChInfo();
        //六七碼正常字形比對
        for (int m = 0; m < 2; m++)
        {
            for (int k = 0; k < 36; k++)
            {
                int n0 = 0; //字模黑點數
                int nf = 0; //符合的黑點數
                for (int i = 0; i < Pw; i++)
                {
                    for (int j = 0; j < Ph; j++)
                    {
                        if (P[m, k, i, j] == 0)
                        {
                            if (A[i, j] == 1) nf -= 1; //目標與字模不符合點數
                        }
                        else
                        {
                            n0 += 1; //字模黑點數累計
                            if (A[i, j] == 1) nf += 1; //目標與字模符合點數
                        }
                    }
```

```
                }
            }
            int v = nf * 1000 / n0;  //符合點數千分比
            if (v > C.ft)
            {
                C.ft = v;
                C.Ch = Ch[k];
                C.kind = m;
            }
        }
    }
    //變形6與9比對
    for (int k = 0; k < 2; k++)
    {
        int n0 = 0;  //字模黑點數
        int nf = 0;  //符合的黑點數
        for (int i = 0; i < Pw; i++)
        {
            for (int j = 0; j < Ph; j++)
            {
                if (P69[k, i, j] == 0)
                {
                    if (A[i, j] == 1) nf -= 1;  //目標與字模不符合點數
                }
                else
                {
                    n0 += 1;  //字模黑點數累計
                    if (A[i, j] == 1) nf += 1;  //目標與字模符合點數
                }
            }
        }
        int v = nf * 1000 / n0;  //符合點數千分比
        if (v > C.ft)
        {
            C.ft = v;
            if (k == 0) { C.Ch = '6'; } else { C.Ch = '9'; }
        }
    }
    return C;
}
//建立單一目標的二值化矩陣
private byte[,] Tg2Bin(TgInfo T)
```

```csharp
{
    byte[,] b = new byte[f.nx, f.ny];
    for (int n = 0; n < T.P.Count; n++)
    {
        Point p = (Point)T.P[n];
        b[p.X, p.Y] = 1;
        //向右連通成實心影像
        int i = p.X + 1;
        while (Z[i, p.Y] == 1)
        {
            b[i, p.Y] = 1; i += 1;
        }
        //向左連通成實心影像
        i = p.X - 1;
        while (Z[i, p.Y] == 1)
        {
            b[i, p.Y] = 1; i -= 1;
        }
    }
    return b;
}
//建立正規化目標二值化陣列
private byte[,] NmBin(TgInfo T, byte[,] M, int mw, int mh)
{
    double fx = (double)mw / Pw, fy = (double)mh / Ph;
    byte[,] V = new byte[Pw, Ph];
    for (int i = 0; i < Pw; i++)
    {
        int sx = 0; //過窄字元的平移量,預設不平移
        if (T.width / mw < 0.75) //過窄字元,可能為 1 或 I
        {
            sx = (mw - T.width) / 2; //平移寬度差之一半
        }
        int x = (int)(T.xmn + i * fx - sx);
        if (x < 0 || x > f.nx - 1) continue;
        for (int j = 0; j < Ph; j++)
        {
            int y = T.ymn + (int)(j * fy);
            V[i, j] = M[x, y];
        }
    }
    return V;
```

CHAPTER 10 立體空間斜視影像的處理

```csharp
        }
        //將單一目標轉正
        private byte[,] RotateTg(byte[,] b, ref TgInfo T, double A)
        {
            if (A == 0) return b;  //無傾斜不須旋轉
            if (A > 0) A = -A;  //順或逆時針傾斜時需要旋轉方向相反，經過推導A應該永遠為負值
            double[,] R = new double[2, 2];  //旋轉矩陣
            R[0, 0] = Math.Cos(A); R[0, 1] = Math.Sin(A);
            R[1, 0] = -R[0, 1]; R[1, 1] = R[0, 0];
            int x0 = T.xmn, y0 = T.ymx;  //左下角座標
            //旋轉後之目標範圍
            int xmn = f.nx, xmx = 0, ymn = f.ny, ymx = 0;
            for (int i = T.xmn; i <= T.xmx; i++)
            {
                for (int j = T.ymn; j <= T.ymx; j++)
                {
                    if (b[i, j] == 0) continue;  //空點無須旋轉
                    int x = i - x0, y = y0 - j;  //轉換螢幕座標為直角座標
                    int xx = (int)(x * R[0, 0] + y * R[0, 1] + x0);  //旋轉後X座標
                    if (xx < 1 || xx > f.nx - 2) continue;  //邊界淨空
                    int yy = (int)(y0 - (x * R[1, 0] + y * R[1, 1]));  //旋轉後Y座標
                    if (yy < 1 || yy > f.ny - 2) continue;  //邊界淨空
                    b[i, j] = 0; b[xx, yy] = 1;
                    //旋轉後目標的範圍偵測
                    if (xx < xmn) xmn = xx;
                    if (xx > xmx) xmx = xx;
                    if (yy < ymn) ymn = yy;
                    if (yy > ymx) ymx = yy;
                }
            }
            //重設目標屬性
            T.xmn = xmn; T.xmx = xmx; T.ymn = ymn; T.ymx = ymx;
            T.width = T.xmx - T.xmn + 1; T.height = T.ymx - T.ymn + 1;
            T.cx = (T.xmx + T.xmn) / 2; T.cy = (T.ymx + T.ymn) / 2;
            //補足因為旋轉運算實產生的數位化誤差造成的資料空點
            for (int i = T.xmn; i <= T.xmx; i++)
            {
                for (int j = T.ymn; j <= T.ymx; j++)
                {
                    if (b[i, j] == 1) continue;
                    if (b[i - 1, j] + b[i + 1, j] + b[i, j - 1] + b[i, j + 1] >= 3) b[i, j] = 1;
```

```csharp
            }
        }
        return b;
    }
    //找車牌字元目標群組
    private ArrayList AlignTgs(ArrayList C)
    {
        ArrayList R = new ArrayList();
        int pmx = 0;
        for (int i = 0; i < C.Count; i++)
        {
            if (skp[i]) continue; //已處理目標
            TgInfo T = (TgInfo)C[i];
            ArrayList D = new ArrayList(); int Dm = 0;
            D.Add(T); Dm = T.pm;
            int x1 = (int)(T.cx - T.height * 2.5);
            int x2 = (int)(T.cx + T.height * 2.5);
            int y1 = (int)(T.cy - T.height * 1.5);
            int y2 = (int)(T.cy + T.height * 1.5);
            for (int j = 0; j < C.Count; j++)
            {
                if (skp[j]) continue; //已處理目標
                if (i == j) continue;
                TgInfo G = (TgInfo)C[j];
                if (G.cx < x1) continue;
                if (G.cx > x2) continue;
                if (G.cy < y1) continue;
                if (G.cy > y2) continue;
                if (G.width > T.height) continue;
                if (G.height > T.height * 1.5) continue;
                D.Add(G); Dm += G.pm;
                if (D.Count >= 7) break;
            }
            if (Dm > pmx)
            {
                pmx = Dm; R = D;
            }
        }
        //目標群位置左右排序
        if (R.Count > 1)
        {
            int n = R.Count;
```

```
            for (int i = 0; i < n - 1; i++)
            {
                for (int j = i + 1; j < n; j++)
                {
                    TgInfo Ti = (TgInfo)R[i], Tj = (TgInfo)R[j];
                    if (Ti.cx > Tj.cx)
                    {
                        R[i] = Tj; R[j] = Ti;
                    }
                }
            }
            return R;
        }
        //負片
        private byte[,] Negative(byte[,] b)
        {
            for (int i = 0; i < f.nx; i++)
            {
                for (int j = 0; j < f.ny; j++)
                {
                    b[i, j] = (byte)(255 - b[i, j]);
                }
            }
            return b;
        }
        //以輪廓點建立目標陣列，排除負目標
        private ArrayList getTargets(byte[,] q)
        {
            ArrayList A = new ArrayList();
            byte[,] b = (byte[,])q.Clone();
            for (int i = 1; i < f.nx - 1; i++)
            {
                for (int j = 1; j < f.ny - 1; j++)
                {
                    if (b[i, j] == 0) continue;
                    TgInfo G = new TgInfo();
                    G.xmn = i; G.xmx = i; G.ymn = j; G.ymx = j; G.P = new ArrayList();
                    ArrayList nc = new ArrayList();
                    nc.Add(new Point(i, j)); G.P.Add(new Point(i, j));
                    b[i, j] = 0;
                    do
```

```csharp
            {
                ArrayList nb = (ArrayList)nc.Clone();
                nc = new ArrayList();
                for (int m = 0; m < nb.Count; m++)
                {
                    Point p = (Point)nb[m];
                    for (int ii = p.X - 1; ii <= p.X + 1; ii++)
                    {
                        for (int jj = p.Y - 1; jj <= p.Y + 1; jj++)
                        {
                            if (b[ii, jj] == 0) continue;
                            Point k = new Point(ii, jj);
                            nc.Add(k); G.P.Add(k); G.np += 1;
                            if (ii < G.xmn) G.xmn = ii;
                            if (ii > G.xmx) G.xmx = ii;
                            if (jj < G.ymn) G.ymn = jj;
                            if (jj > G.ymx) G.ymx = jj;
                            b[ii, jj] = 0;
                        }
                    }
                }
            } while (nc.Count > 0);
            if (Z[i - 1, j] == 1) continue;
            G.width = G.xmx - G.xmn + 1;
            G.height = G.ymx - G.ymn + 1;
            //以寬高大小篩選目標
            if (G.height < minHeight) continue;
            if (G.height > maxHeight) continue;
            if (G.width < minWidth) continue;
            if (G.width > maxWidth) continue;
            G.cx = (G.xmn + G.xmx) / 2; G.cy = (G.ymn + G.ymx) / 2; //中心點
            //計算目標的對比度
            for (int m = 0; m < G.P.Count; m++)
            {
                int pm = PointPm((Point)G.P[m]);
                if (pm > G.pm) G.pm = pm;
            }
            A.Add(G);
        }
    }
    //以對比度排序
    for (int i = 0; i <= Tgmax; i++)
```

```
            if (i > A.Count - 1) break;
            for (int j = i + 1; j < A.Count; j++)
            {
                TgInfo T = (TgInfo)A[i], G = (TgInfo)A[j];
                if (T.pm < G.pm)
                {
                    A[i] = G; A[j] = T;
                }
            }
        }
        //取得 Tgmax 個最明顯的目標輸出
        C = new ArrayList();
        for (int i = 0; i < Tgmax; i++)
        {
            if (i > A.Count - 1) break;
            TgInfo T = (TgInfo)A[i]; T.ID = i;
            C.Add(T);
        }
        return C; //回傳目標物件集合
    }
    //輪廓點與背景的對比度
    private int PointPm(Point p)
    {
        int x = p.X, y = p.Y, mx = B[x, y];
        if (mx < B[x - 1, y]) mx = B[x - 1, y];
        if (mx < B[x + 1, y]) mx = B[x + 1, y];
        if (mx < B[x, y - 1]) mx = B[x, y - 1];
        if (mx < B[x, y + 1]) mx = B[x, y + 1];
        return mx - B[x, y];
    }
    //二值化
    private byte[,] DoBinary(byte[,] b)
    {
        Th = ThresholdBuild(b);
        Z = new byte[f.nx, f.ny];
        for (int i = 1; i < f.nx - 1; i++)
        {
            int x = i / Gdim;
            for (int j = 1; j < f.ny - 1; j++)
            {
                int y = j / Gdim;
```

```csharp
                if (f.Gv[i, j] < Th[x, y])
                {
                    Z[i, j] = 1;
                }
            }
        }
        return Z;
    }
    //灰階
    private void RadioButton1_CheckedChanged(object sender, EventArgs e)
    {
        if (RadioButton1.Checked)
        {
            PictureBox1.Image = f.GrayImg(B);
        }
    }
    //二值化圖
    private void RadioButton2_CheckedChanged(object sender, EventArgs e)
    {
        if (RadioButton2.Checked)
        {
            PictureBox1.Image = f.BWImg(Z);
        }
    }
    //輪廓線
    private void RadioButton3_CheckedChanged(object sender, EventArgs e)
    {
        if (RadioButton3.Checked)
        {
            PictureBox1.Image = f.BWImg(Q);
        }
    }
    //所有合格目標
    private void RadioButton4_CheckedChanged(object sender, EventArgs e)
    {
        if (RadioButton4.Checked)
        {
            if (CA == null) return;
            Bitmap bmp = new Bitmap(f.nx, f.ny);
            for (int k = 0; k < CA.Count; k++)
            {
                TgInfo T = (TgInfo)CA[k];
```

```csharp
            for (int m = 0; m < T.P.Count; m++)
            {
                Point p = (Point)T.P[m];
                bmp.SetPixel(p.X, p.Y, Color.Black);
            }
        }
        PictureBox1.Image = bmp;
    }
}
//上下端平移錯位的實驗
private void Button1_Click(object sender, EventArgs e)
{
    int n = C.Count; //目標個數
    int wd = Pw + (Pw + 2) * n + Pw; //虛擬車牌二值化陣列寬度
    byte[,] S = new byte[wd, Ph]; //最佳校正之車牌二值化陣列
    double z = double.Parse(ComboBox1.Text) / (Ph - 1); //每一畫素高度的X錯位量
    for (int j = 0; j < Ph; j++)
    {
        int dx = (int)(z * (Ph - 1 - j)); //X移動量
        for (int i = 0; i < wd; i++)
        {
            int x = i + dx;
            if (x < 0 || x > wd - 1) continue;
            S[x, j] = V[i, j];
        }
    }
    //計算錯位後的虛擬車牌中有幾個垂直空白線？越多表示字元越正直
    int n0 = 0;
    for (int i = 0; i < wd; i++)
    {
        int m = 0;
        for (int j = 0; j < Ph; j++)
        {
            m += S[i, j];
        }
        if (m == 0) n0 += 1;
    }
    PictureBox1.Image = f.BWImg(S);
    MessageBox.Show(n0.ToString());
}
//車牌
private void RadioButton5_CheckedChanged(object sender, EventArgs e)
```

```csharp
{
    if (RadioButton5.Checked)
    {
        if (V == null) return;
        PictureBox1.Image = f.BWImg(V);
    }
}
//門檻值陣列建立
private int[,] ThresholdBuild(byte[,] b)
{
    int kx = f.nx / Gdim, ky = f.ny / Gdim;
    Th = new int[kx, ky];
    //累計各區塊亮度值總和
    for (int i = 0; i < f.nx; i++)
    {
        int x = i / Gdim;
        for (int j = 0; j < f.ny; j++)
        {
            int y = j / Gdim;
            Th[x, y] += f.Gv[i, j];
        }
    }
    for (int i = 0; i < kx; i++)
    {
        for (int j = 0; j < ky; j++)
        {
            Th[i, j] /= Gdim * Gdim;
        }
    }
    return Th;
}
//建立輪廓點陣列
private byte[,] Outline(byte[,] b)
{
    byte[,] Q = new byte[f.nx, f.ny];
    for (int i = 1; i < f.nx - 1; i++)
    {
        for (int j = 1; j < f.ny - 1; j++)
        {
            if (b[i, j] == 0) continue;
            if (b[i - 1, j] == 0) { Q[i, j] = 1; continue; }
            if (b[i + 1, j] == 0) { Q[i, j] = 1; continue; }
```

CHAPTER 10 立體空間斜視影像的處理

```csharp
                if (b[i, j - 1] == 0) { Q[i, j] = 1; continue; }
                if (b[i, j + 1] == 0) { Q[i, j] = 1; }
            }
        }
        return Q;
    }
    //開啟影像
    private void OpenToolStripMenuItem_Click(object sender, EventArgs e)
    {
        if (OpenFileDialog1.ShowDialog() == DialogResult.OK)
        {
            Bitmap bmp = new Bitmap(OpenFileDialog1.FileName);
            f.Bmp2RGB(bmp);   //讀取 RGB 亮度陣列
            B = f.Gv;
            PictureBox1.Image = bmp;
        }
    }
    //啟動程式載入字模
    private void Form1_Load(object sender, EventArgs e)
    {
        FontLoad();
    }
    //載入字模
    private void FontLoad()
    {
        byte[] q = CsLOblique.Properties.Resources.font;
        int n = 0;
        for (int m = 0; m < 2; m++)
        {
            for (int k = 0; k < 36; k++)
            {
                for (int j = 0; j < Ph; j++)
                {
                    for (int i = 0; i < Pw; i++)
                    {
                        P[m, k, i, j] = q[n]; n += 1;
                    }
                }
            }
        }
        for (int k = 0; k < 2; k++)
        {
```

```csharp
                for (int j = 0; j < Ph; j++)
                {
                    for (int i = 0; i < Pw; i++)
                    {
                        P69[k, i, j] = q[n]; n += 1;
                    }
                }
            }
        }
        //儲存影像
        private void SaveImageToolStripMenuItem_Click_1(object sender, EventArgs e)
        {
            if (SaveFileDialog1.ShowDialog() == DialogResult.OK)
            {
                PictureBox1.Image.Save(SaveFileDialog1.FileName);
            }
        }
    }
}
```

11
CHAPTER

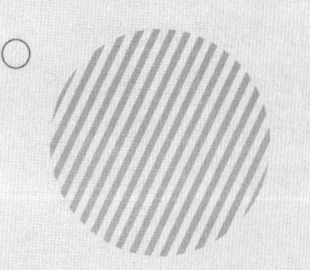

影像分割可以很簡單

CHECK POINT

11-1 一個辨識浮萍面積的案例

11-2 辨識浮萍目標

11-3 辨識水面邊界

11-4 建立邊界計算浮萍面積

11-5 其他影像辨識書沒說的重點

本書以車牌辨識為例,談了很多以 OCR 為基礎與目的的影像辨識技術,但其實影像辨識並不能以 OCR 涵蓋全部,本章我們試著舉出一個性質較為不同的影像辨識案例,讓大家知道即使是看起來目標較不明確的影像辨識也可以使用傳統的影像辨識輕鬆作到,並不一定需要用到特殊的數學技巧,或冗長的機器學習訓練過程。

11-1 一個辨識浮萍面積的案例

我是真正從事影像辨識產品開發的業者,從學習理論到實務開發多年間最大的感觸是:影像辨識教材內容多半著重在特徵的辨識擷取,而且使用的數學方法都太過繁複,誤導學習者以為將影像分割擷取必須使用很複雜的數學概念?但是實務上,即使如本章案例看起來是不太容易辨識的自然影像,還是可以用簡單的常識概念就能達到正確切割目標的目的,書上介紹的複雜影像分類演算法其實極少必須使用!

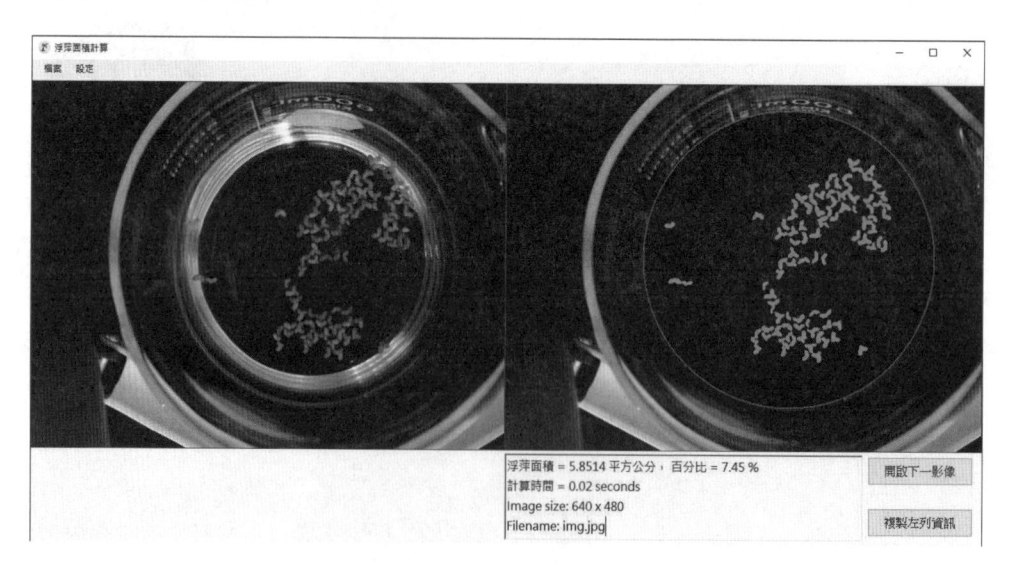

上圖是一個經過影像辨識燒杯中培養的浮萍每日增生面積的專案,乍看之下浮萍與背景的顏色對比並不明顯,燒杯壁上還有反射的浮萍倒影,那當然是不能加入計量的雜訊。因為要準確辨識浮萍佔據「**水面**」的面積,水與燒杯玻

璃卻都是透明的，很難辨識出水面邊界，輔助方式是以紅色橡皮筋環繞套住燒杯，讓它與水面同高，希望經過辨識紅色圓圈能定義出水面的範圍。

這些對比不強不太清晰的目標，看似很難辨識，如果你學過正統的影像辨識課程就會開始煩惱如何精確地將目標與背景分割(Segmentation)出來了！要不要用到複雜的影像特徵分類統計方法呢？辨識結果能不能達到收斂穩定呢？事實上只要善用常識，設計極簡單的演算法就可以作好這個辨識，本章內容之簡單直覺應該會讓你感到驚訝！

首先請複製本書第 4 章的專案程式至此修改，主功能表按鈕設計改為：Open, Leaf, Rim, Rim Tg 與 Leaf_Rim。功能表與使用範例影像如下：

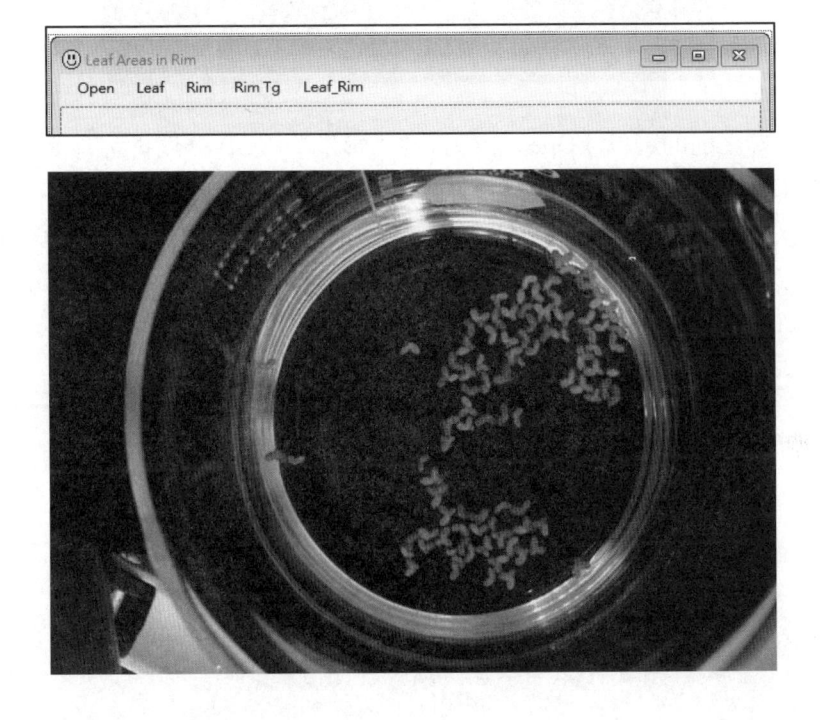

11-2 辨識浮萍目標

首一如之前的範例，Open 影像後會將影像的 RGB 強度拆解為 Rv, Gv 與 Bv 三個陣列，要辨識浮萍目標的特徵，很簡單的想法就是顏色偏綠，Gv 會有一定的強度，而且一定比 Rv 及 Bv 明顯要強！我們用影像處理軟體(如 PhotoShop)作了一些實驗觀察，發現**綠與藍光差距較大**時最能凸顯出浮萍的特徵。所以 Leaf 功能按鍵設計如下：

```
//浮萍二值化
private void LeafToolStripMenuItem_Click(object sender, EventArgs e)
{
    d = new byte[f.nx, f.ny]; //浮萍目標點陣列
    for (int i = 1; i < f.nx - 1; i++)
    {
        for (int j = 1; j < f.ny - 1; j++)
        {
            if (f.Gv[i, j] > 70 && (int)f.Gv[i, j] - f.Bv[i, j] > 50) d[i, j] = 1;
        }
    }
    PictureBox1.Image = f.BWImg(d); //建立浮萍二值化圖
}
```

執行後結果影像如下，比照原圖可知，紅色圈選部位是燒杯壁的浮萍倒影，也是我們接下來要設法排除的雜訊。怎麼知道他們是雜訊？當然就是要辨識水面的邊緣，紅色橡皮筋的位置了！

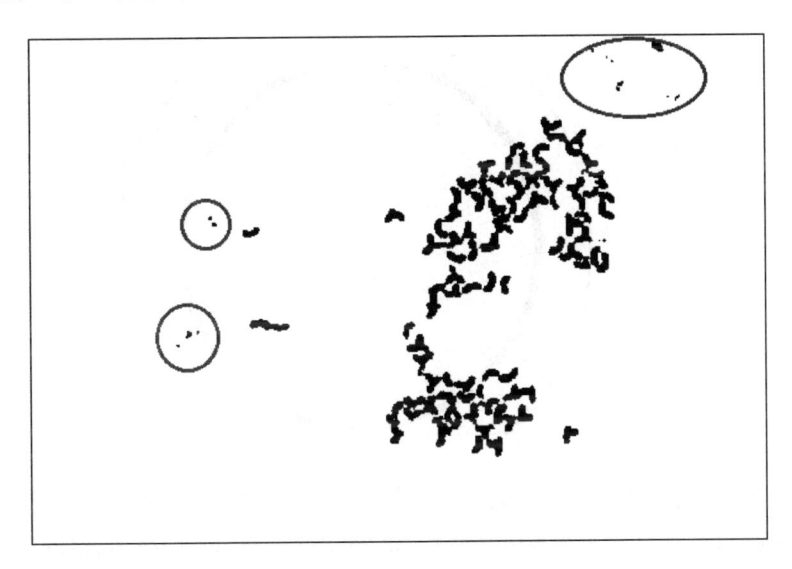

11-3 辨識水面邊界

如前所述，我們以紅色橡皮筋標示水面位置，它的特徵應該是紅色光明顯大於藍綠色光，所以 Rim 功能鍵的程式設計如下：

```
//水面圓周邊界二值化
private void RimToolStripMenuItem_Click(object sender, EventArgs e)
{
    c = new byte[f.nx, f.ny]; //浮萍目標點陣列
    for (int i = 1; i < f.nx - 1; i++)
    {
        for (int j = 1; j < f.ny - 1; j++)
        {
            if (f.Gv[i, j] > 40 && f.Rv[i, j] > f.Gv[i, j] && f.Rv[i, j] > f.Bv[i, j])
            {
                c[i, j] = 1;
            }
        }
    }
}
```

```
        }
        PictureBox1.Image = f.BWImg(c); //建立浮萍二值化圖
}
```

執行結果如下:

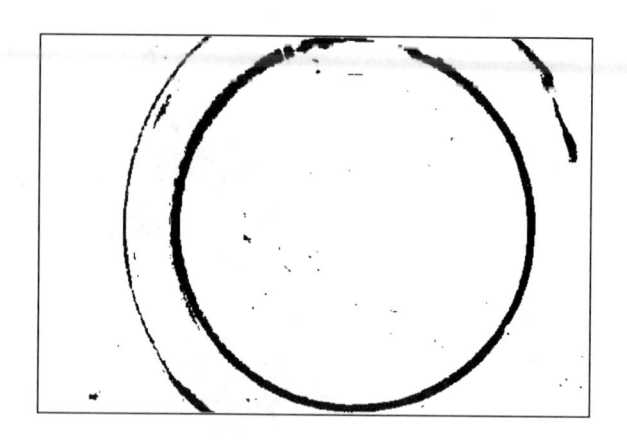

比照原圖我們知道,中心較完整的圓圈是真正橡皮筋的位置,外圈則是它的倒影,還有一些意外偏紅色的雜點,這些當然都是我們不要的雜訊了!該如何將這個結果變成一個簡單的圓形邊界資訊呢?以本書第4章建立獨立目標物件的方式,我們可以將上圖的幾個區塊變成目標物件,中央最清晰的目標必然會變成最大,點數也最多的目標,只留下它就是清除雜訊了!這就是 Rim Tg 的功能,程式碼如下:

```
//取得邊界(紅色圓圈)目標
private void RimTgToolStripMenuItem_Click(object sender, EventArgs e)
{
    TgInfo T = getMaxTg(c);  //取得最大紅色區塊目標
    Bitmap bmp = new Bitmap(f.nx, f.ny);
    for (int m = 0; m < T.P.Count; m++)
    {
        Point p = (Point)T.P[m];
        bmp.SetPixel(p.X, p.Y, Color.Black);
    }
    PictureBox1.Image = bmp;
}
//取得最大目標
private TgInfo getMaxTg(byte[,] q)
```

```csharp
{
    int mx = 0; //最多的目標點數
    RTg = new TgInfo(); //最大的圓周目標
    byte[,] b = (byte[,])q.Clone(); //建立目標點陣列副本
    for (int i = 1; i < f.nx - 1; i++)
    {
        for (int j = 1; j < f.ny - 1; j++)
        {
            if (b[i, j] == 0) continue;
            TgInfo G = new TgInfo();
            G.xmn = i; G.xmx = i; G.ymn = j; G.ymx = j; G.P = new ArrayList();
            ArrayList nc = new ArrayList();
            nc.Add(new Point(i, j)); G.P.Add(new Point(i, j));
            b[i, j] = 0;
            do
            {
                ArrayList nb = (ArrayList)nc.Clone();
                nc = new ArrayList();
                for (int m = 0; m < nb.Count; m++)
                {
                    Point p = (Point)nb[m];
                    for (int ii = p.X - 1; ii <= p.X + 1; ii++)
                    {
                        for (int jj = p.Y - 1; jj <= p.Y + 1; jj++)
                        {
                            if (b[ii, jj] == 0) continue;
                            Point k = new Point(ii, jj);
                            nc.Add(k); G.P.Add(k); G.np += 1;
                            if (ii < G.xmn) G.xmn = ii;
                            if (ii > G.xmx) G.xmx = ii;
                            if (jj < G.ymn) G.ymn = jj;
                            if (jj > G.ymx) G.ymx = jj;
                            b[ii, jj] = 0;
                        }
                    }
                }
            } while (nc.Count > 0);
            if (q[i - 1, j] == 1) continue; //排除白色區塊的負目標,起點左邊是黑點
            if (G.np > mx)
            {
                mx = G.np;
                G.width = G.xmx - G.xmn + 1;
```

```
                G.height = G.ymx - G.ymn + 1;
                G.cx = (G.xmn + G.xmx) / 2; G.cy = (G.ymn + G.ymx) / 2;
                RTg = G;
            }
        }
    }
    return RTg; //回傳目標
}
```

　　getMaxTg 副程式是前面幾章中 getTargets 副程式的稍微簡化版，指回傳最大的一個目標，而不是所有合格目標的集合。執行結果就會像這樣：

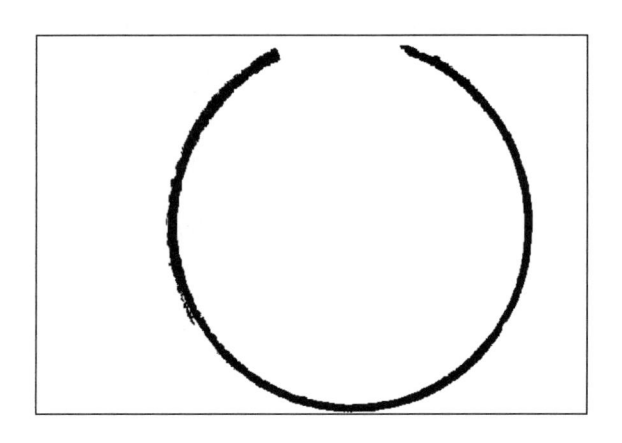

11-4　建立邊界計算浮萍面積

　　面對上節的辨識結果，我們已經非常接近能夠建立一個應該為圓形的水面邊界，只是最上方因為燒杯上有塊不透明的商標遮住了橡皮筋造成一個缺口，但是不難推算補足。重點是要如何「回歸」計算出一個圓形的「方程式」？就想我們作虎克定律的實驗時要回歸計算出一個直線方程式一樣？

　　如果你從這個方向思考還真的是陷入了一個數學的難題，但從另一角度看，我們上一節找出的目標物件屬性中已經有**概略**的「**圓心**」了！就是目標的中心點，除非圓弧的缺口實在太大，否則把它當作原因的誤差是很小的。如果我們計算此目標內所有已知的偏紅目標點與此圓心的距離作個平均，我們就有此邊界圓形概略的半徑了！

有圓心也有半徑，我們就可以知道原始影像上，所有「可能」是浮萍的偏綠目標點哪些是在水面邊界的內部？哪些是在外部？在內的就是真的浮在水面的浮萍，在外的就是燒杯壁上的倒影了！接下來只要統計真實浮萍目標點的點數，除以圓形邊界包圍的區域面積就可以得到正確的覆蓋率了！Leaf_Rim 程式碼如下：

```csharp
//計算與繪製結果→圓周內之浮萍面積
private void LeafRimToolStripMenuItem_Click(object sender, EventArgs e)
{
    double r = 0;  //邊界圓圈之半徑
    for (int k = 0; k < RTg.P.Count; k++)
    {
        Point p = (Point)RTg.P[k];
        double x = (double)(p.X - RTg.cx), y = (double)(p.Y - RTg.cy);
        double rr = Math.Sqrt(x * x + y * y);
        r += rr;
    }
    r /= RTg.np; //平均半徑
    int nLf = 0;
    byte[,] A = new byte[f.nx, f.ny];
    for (int i = RTg.xmn; i <= RTg.xmx; i++) {
        for (int j = RTg.ymn; j <= RTg.ymx; j++) {
            if (d[i, j] == 0) continue;
            double x = (double)(i - RTg.cx), y = (double)(j - RTg.cy);
            double rr = Math.Sqrt(x * x + y * y); //浮萍目標到中心距離
            if (rr > r) continue; //目標點在監視區外(玻璃杯倒影)
            A[i, j] = 1; nLf += 1; //監視範圍內→計量
        }
    }
    Bitmap bmp = f.BWImg(A); //建立監視區內浮萍二值化圖
    Graphics G = Graphics.FromImage(bmp);
    G.DrawEllipse(Pens.Red, RTg.xmn, RTg.ymn, RTg.width, RTg.height); //繪製監視區邊界圓周
    PictureBox1.Image = bmp;
    double Area = Math.PI * r * r;//監視總面積→畫素單位
    double pc = nLf * 100 / Area;//浮萍面積百分比
    MessageBox.Show(pc.ToString());
}
```

執行結果如下：

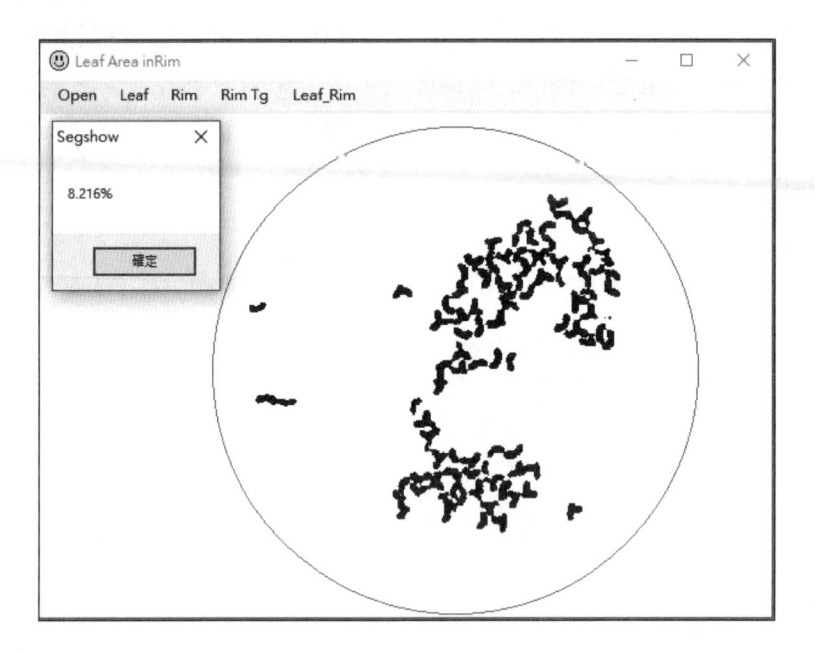

11-5 其他影像辨識書沒說的重點

我是真正從事影像辨識產品開發的業者，從學習理論到實務開發多年間最大的感觸是：影像辨識教材內容多半著重在特徵的辨識擷取，而且使用的數學方法都太過繁複，誤導學習者以為將影像分割擷取必須使用很複雜的數學概念？但是實務上，即使如本章案例看起來是不太容易辨識的自然影像，還是可以用簡單的常識概念就能達到正確切割目標的目的，書上介紹的**複雜影像分類演算法其實極少必須使用**！

另一方面，要完成任何影像辨識的完整目標，幾乎都無法避免會用到很多幾何學的概念技術，譬如本章案例辨識出紅色橡皮筋的概略位置之後，必須結合幾何概念來建立邊界資訊排除浮萍倒影的雜訊。又如前面的車牌辨識，很多演算法必須結合字元排列與分佈的幾何關係來設計，目標不會永遠清晰，目標切割不會永遠完美，如果遇到不完美的狀況，我們都需要目標群組之間的幾何關係來補救,譬如車牌字元之間有太大的空隙就必須補字作強迫性的辨識之類的!

這些幾何運作的資訊假設也不是都來自影像本身,譬如我們為何認定本案例的水面是圓形的?其實是來自我們對於燒杯形狀的認知!所以我始終強調:**影像辨識不只是辨識影像**!要達到辨識的目的,我們必須加入很多影像之外的先備資訊,這些資訊可以幫助我們更容易,也更明確的完成任務!事實上,實務開發影像辨識產品時,很少需要動用到機率統計學的!碰到任何影像辨識工作,二話不說就開始啟動機器學習或深度學習的工作流程,讓電腦自行進行大量的統計與學習,其實就是盲目摸索嘗試錯誤,那是非常沒有效率的做法。

完整專案

```csharp
using System;
using System.Collections;
using System.Collections.Generic;
using System.ComponentModel;
using System.Data;
using System.Drawing;
using System.Linq;
using System.Text;
using System.Threading.Tasks;
using System.Windows.Forms;

namespace CsSegm
{
    public partial class Form1 : Form
    {
        public Form1()
        {
            InitializeComponent();
        }
        byte[,] c; //監視區圓周標記點
        byte[,] d; //浮萍目標點
        TgInfo RTg; //邊界標記之目標物件
        FastPixel f = new FastPixel(); //宣告快速繪圖物件
        //儲存影像
        private void SaveImageToolStripMenuItem_Click(object sender, EventArgs e)
        {
            if (SaveFileDialog1.ShowDialog() == DialogResult.OK)
            {
                PictureBox1.Image.Save(SaveFileDialog1.FileName);
            }
        }
        //浮萍二值化
        private void LeafToolStripMenuItem_Click(object sender, EventArgs e)
        {
            d = new byte[f.nx, f.ny]; //浮萍目標點陣列
            for (int i = 1; i < f.nx - 1; i++)
            {
                for (int j = 1; j < f.ny - 1; j++)
                {
                    if (f.Gv[i, j] > 70 && (int)f.Gv[i, j] - f.Bv[i, j] > 50) d[i, j] = 1;
                }
            }
```

```csharp
            PictureBox1.Image = f.BWImg(d); //建立浮萍二值化圖
        }
        //開啟影像
        private void OpenToolStripMenuItem_Click(object sender, EventArgs e)
        {
            if (OpenFileDialog1.ShowDialog() == DialogResult.OK)
            {
                Bitmap bmp = new Bitmap(OpenFileDialog1.FileName);
                f.Bmp2RGB(bmp); //讀取 RGB 亮度陣列
                PictureBox1.Image = bmp;
            }
        }
        //水面圓周邊界二值化
        private void RimToolStripMenuItem_Click(object sender, EventArgs e)
        {
            c = new byte[f.nx, f.ny]; //浮萍目標點陣列
            for (int i = 1; i < f.nx - 1; i++)
            {
                for (int j = 1; j < f.ny - 1; j++)
                {
                    if (f.Gv[i, j] > 40 && f.Rv[i, j] > f.Gv[i, j] && f.Rv[i, j] > f.Bv[i,j])
                    {
                        c[i, j] = 1;
                    }
                }
            }
            PictureBox1.Image = f.BWImg(c); //建立浮萍二值化圖
        }
        //取得邊界(紅色圓圈)目標
        private void RimTgToolStripMenuItem_Click(object sender, EventArgs e)
        {
            TgInfo T = getMaxTg(c); //取得最大紅色區塊目標
            Bitmap bmp = new Bitmap(f.nx, f.ny);
            for (int m = 0; m < T.P.Count; m++)
            {
                Point p = (Point)T.P[m];
                bmp.SetPixel(p.X, p.Y, Color.Black);
            }
            PictureBox1.Image = bmp;
        }
        //取得最大目標
        private TgInfo getMaxTg(byte[,] q)
        {
            int mx = 0; //最多的目標點數
```

```csharp
RTg = new TgInfo(); //最大的圓周目標
byte[,] b = (byte[,])q.Clone(); //建立目標點陣列副本
for (int i = 1; i < f.nx - 1; i++)
{
    for (int j = 1; j < f.ny - 1; j++)
    {
        if (b[i, j] == 0) continue;
        TgInfo G = new TgInfo();
        G.xmn = i; G.xmx = i; G.ymn = j; G.ymx = j; G.P = new ArrayList();
        ArrayList nc = new ArrayList();
        nc.Add(new Point(i, j)); G.P.Add(new Point(i, j));
        b[i, j] = 0;
        do
        {
            ArrayList nb = (ArrayList)nc.Clone();
            nc = new ArrayList();
            for (int m = 0; m < nb.Count; m++)
            {
                Point p = (Point)nb[m];
                for (int ii = p.X - 1; ii <= p.X + 1; ii++)
                {
                    for (int jj = p.Y - 1; jj <= p.Y + 1; jj++)
                    {
                        if (b[ii, jj] == 0) continue;
                        Point k = new Point(ii, jj);
                        nc.Add(k); G.P.Add(k); G.np += 1;
                        if (ii < G.xmn) G.xmn = ii;
                        if (ii > G.xmx) G.xmx = ii;
                        if (jj < G.ymn) G.ymn = jj;
                        if (jj > G.ymx) G.ymx = jj;
                        b[ii, jj] = 0;
                    }
                }
            }
        } while (nc.Count > 0);
        if (q[i - 1, j] == 1) continue; //排除白色區塊的負目標,起點左邊是黑點
        if (G.np > mx)
        {
            mx = G.np;
            G.width = G.xmx - G.xmn + 1;
            G.height = G.ymx - G.ymn + 1;
            G.cx = (G.xmn + G.xmx) / 2; G.cy = (G.ymn + G.ymx) / 2;
            RTg = G;
        }
```

CHAPTER 11 影像分割可以很簡單

```
        }
    }
    return RTg; //回傳目標
}
//計算與繪製結果→圓周內之浮萍面積
private void LeafRimToolStripMenuItem_Click(object sender, EventArgs e)
{
    double r = 0; //邊界圓圈之半徑
    for (int k = 0; k < RTg.P.Count; k++)
    {
        Point p = (Point)RTg.P[k];
        double x = (double)(p.X - RTg.cx), y = (double)(p.Y - RTg.cy);
        double rr = Math.Sqrt(x * x + y * y);
        r += rr;
    }
    r /= RTg.np; //平均半徑
    int nLf = 0;
    byte[,] A = new byte[f.nx, f.ny];
    for (int i = RTg.xmn; i <= RTg.xmx; i++) {
        for (int j = RTg.ymn; j <= RTg.ymx; j++) {
            if (d[i, j] == 0) continue;
            double x = (double)(i - RTg.cx), y = (double)(j - RTg.cy);
            double rr = Math.Sqrt(x * x + y * y); //浮萍目標到中心距離
            if (rr > r) continue; //目標點在監視區外(玻璃杯倒影)
            A[i, j] = 1; nLf += 1; //監視範圍內→計量
        }
    }
    Bitmap bmp = f.BWImg(A); //建立監視區內浮萍二值化圖
    Graphics G = Graphics.FromImage(bmp);
    G.DrawEllipse(Pens.Red, RTg.xmn, RTg.ymn, RTg.width, RTg.height);
    //繪製監視區邊界圓周
    PictureBox1.Image = bmp;
    double Area = Math.PI * r * r;//監視總面積→畫素單位
    double pc = nLf * 100 / Area;//浮萍面積百分比
    MessageBox.Show(pc.ToString());
    }
  }
}
```

11-15

MEMO

12 CHAPTER

挑戰蝕刻與浮雕字元的辨識

CHECK POINT

12-1 如果目標與背景根本是同色怎麼辨識？

12-2 這是一個微分影像

12-3 鎖定字元列的上下邊界

12-4 二值化

12-5 建立目標物件

12-6 融合與分割目標

12-7 正規化目標大小

12-1　如果目標與背景根本是同色怎麼辨識？

大多數的 OCR 辨識，目標字元似乎理所當然的不會跟背景完全同色，所以我們簡化影像凸顯目標的方式都是從目標與背景的**顏色**或**亮度**差異著手。但是如果目標如上圖是蝕刻或浮雕的字，也沒有著色時，我們就會頓失倚靠了！使用正常的二值化處理，不論如何調整門檻值，只能得到如下高雜訊且字元破碎到難以整合的結果。

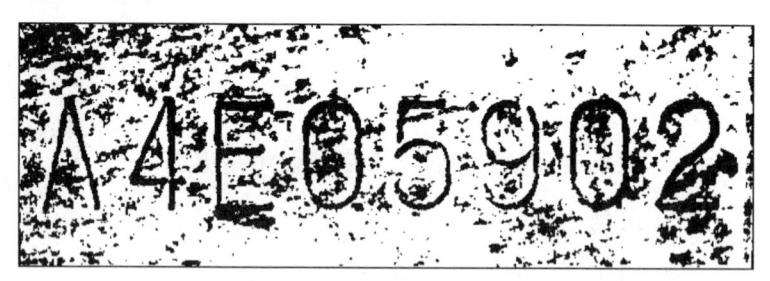

在實務上，這種目標多半出現在汽車引擎或鋼材粗胚之類常會處於高熱狀態的金屬物體上，它們一樣有被辨識的需求，但無法以任何印刷或貼紙的方式標示，幾百度的高溫會將油漆或貼紙瞬間燒掉，所以只能用蝕刻或浮雕的方式打印出識別資訊。這也表示這類物體表面一定不會像不鏽鋼廚具一樣光滑平整，連背景也一定是很斑駁的高雜訊狀態，當然更增加了辨識的難度。

雖然這種字元影像一般人眼還是可以輕易識別，但是我開業之後已經有三次婉拒這種辨識專案了！原因當然是沒有把握可以作到如車牌辨識一般極高的辨識率，這讓我內心非常糾結。但這不表示我們會放棄這種目標的辨識研發！

本章內容就是以此影像為例,介紹如何辨識這類目標,重點不只是如何凸顯字元目標?還包括一些可以抵抗高雜訊干擾辨識結果的特殊處理手段。

請先複製之前專案做修改的樣本,將主功能表改成這樣:Open, Integral, Y bound, Binary, Targets, Merge Tgs, Best Fit。

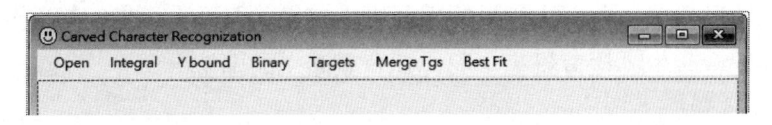

```
Carved Character Recognition
Open  Integral  Y bound  Binary  Targets  Merge Tgs  Best Fit
```

公用全域變數區的程式碼如下:

```
    byte[,] B; //灰階陣列
    byte[,] Z; //二值化陣列
    ArrayList C; //目標物件集合
    int brt; //全圖平均亮度
    int Ytop, Ybot; //字元列上下切線之Y值
    FastPixel f = new FastPixel(); //宣告快速繪圖物件

//目標物件類別
class TgInfo
{
    public int np = 0; //目標點數
    public ArrayList P = null; //目標點的集合
    public int xmn = 0, xmx = 0, ymn = 0, ymx = 0; //四面座標極值
    public int width = 0, height = 0; //寬與高
    public int cx = 0, cy = 0; //目標中心點座標
    public TgInfo clone(TgInfo T)
    {
        TgInfo G = new TgInfo();
        G.np = T.np; G.P = T.P;
        G.xmn = T.xmn; G.xmx = T.xmx; G.ymn = T.ymn; G.ymx = T.ymx;
        G.width = T.width; G.height = T.height;
        return G;
    }
}
```

12-2 這是一個微分影像

首先我們來思考一下:「如果字元顏色其實與背景完全一樣,那人眼是如何可以輕易識別出字元的呢?」其實還是根據字元的亮度,只是這種字元目標本身有「地形起伏」會有比背景的平面更「向光」與更「背光」的部分,於是字元內部就會產生「比背景亮」與「比背景暗」的區塊。

對於這種影像來說,太亮或太暗都可能是字元的一部份,所以簡單的二值化概念就不能同時呈現它們當作同性質目標來處理了!我們必須設法將這些「**太亮**」與「**太暗**」的區域結合,才能組織出真正完整的字元目標。但是亮暗區之間還是有過渡地帶,它們的亮度與背景幾乎一樣,所以如果只用單點為基礎的處理方法,就永遠難以縫合亮與暗的區塊。

一個有趣的現象是:這種凹凸字形產生光影的強度,正好與數學上的地形變化的微分值相似,一座山峰從平地拔起時,面光的上坡微分值為正,背光的下坡微分值為負,平地的微分值則趨近於零,如果我們收集鄰近點的微分值作為中心點的新值,那就等於是在作小範圍的「**積分**」了!

因為微分值的正與負都代表地形有「變化」,也就可能是字元區,所以我們收集各點鄰近小區域內所有點的亮度與平均亮度(背景亮度)的差值(微分值),就可以代表此點是不是字元的特徵強度了!如果是字元區,不管是偏亮或暗,這個值會偏高。反之,如果是背景,則只有粗糙表面的較小亮度變化,這個值就會明顯低於被雕刻的字元區。這就是我們設計產生此辨識流程灰階圖的方式,按鍵 Integral 的程式碼如下:

```csharp
//蝕刻或浮雕字影像的影像前處理→空間亮度偏差值積分
private void IntegralToolStripMenuItem_Click(object sender, EventArgs e)
{
    //計算全圖平均亮度
    brt = 0;
    for (int i = 0; i < f.nx; i++)
    {
        for (int j = 0; j < f.ny; j++)
        {
```

```
            brt += f.Gv[i, j];
        }
    }
    brt = (int)((double)brt / f.nx / f.ny);
    //計算空間亮度偏差值的局部積分
    int[,] T = new int[f.nx, f.ny];
    int mx = 0;
    for (int i = 3; i < f.nx - 3; i++)
    {
        for (int j = 3; j < f.ny - 3; j++)
        {
            int d = 0;
            for (int x = -3; x < 4; x++)
            {
                for (int y = -3; y < 4; y++)
                {
                    d += Math.Abs(f.Gv[i + x, j + y] - brt); //與平均亮度的偏差值
                }
            }
            T[i, j] = d; //此點積分值
            if (d > mx) mx = d; //最大積分值
        }
    }
    //積分陣列轉換為灰階
    B = new byte[f.nx, f.ny];
    double z = (double)mx / 255 / 2; //積分值投射為灰階值之比例(X2倍)
    for (int i = 3; i < f.nx - 3; i++)
    {
        for (int j = 3; j < f.ny - 3; j++)
        {
            int u = (int)(T[i, j] / z);
            if (u > 255) u = 255;
            B[i, j] = (byte)(255 - u); //灰階，目標為深色
        }
    }
    PictureBox1.Image = f.GrayImg(B); //灰階圖
}
```

　　上面程式首先是計算全圖的平均亮度，再以 7×7 的矩陣作區域的亮度與背景亮度差值的積分，接著將此積分矩陣值正規化到 0-255 的區間，就可以作出能凸顯字元區的灰階圖如下：

12-3 鎖定字元列的上下邊界

雖然我們已經作出了讓字元較好辨識的灰階圖，但背景的雜訊還是很高，字元內部也因為光線照射角度的關係，筆畫未必都很清晰連續，也因此接下來的辨識程序還是必須步步為營，要有特殊的設計。就是在每一階段都先盡量排除可以先行排除的雜訊，**讓後續辨識過程面對較少的雜訊**，降低因為雜訊誤判而迷航無法辨識成功的機率。這樣才能逐步聚焦，最終準確抓到最合理的字元位置。

首先是我們已經從灰階圖上看到了整排的字元，人類視覺上就一定會自動排除字元區以上及以下的背景區，只看有字元的區段。換言之，接下來我們要做二值化與建立可能目標時，應該根本不去處理字元區以外的區域，最好先排除這些區域的所有資訊，這樣也就等於先排除了一堆絕對不可能是字元的雜訊了！

一個很簡單的想法是字元區比較黑，背景區比較白，如果我們統計每一個 Y 值橫列的總亮度值，字元區的上邊界應該會從背景亮度驟降到字元區的較低亮度，因此會有個很大的亮度差值，應該就是全圖上半部最大的亮度差值位置。反之，下邊界也會有類似的現象，我們只要用程式找出這兩個亮度驟變的位置就可以找到字元區的上下邊界了！Y bound 按鍵就是執行上述功能的程式，程式碼與執行結果如下：

CHAPTER 12 挑戰蝕刻與浮雕字元的辨識

```csharp
//搜尋鎖定字元列的上下切線
private void YBoundToolStripMenuItem_Click(object sender, EventArgs e)
{
    int[] Yb = new int[f.ny]; //各 Y 值橫列的亮度總和
    for (int j = 0; j < f.ny; j++)
    {
        for (int i = 0; i < f.nx; i++)
        {
            Yb[j] += B[i, j];
        }
    }
    //用相鄰 Y 值的亮度差最大位置鎖定字元列上下邊界
    int tmx = 0, bmx = 0; //最大亮度差值
    Ytop = 0; Ybot = 0;
    for (int j = 0; j < f.ny - 2; j++)
    {
        if (Yb[j] == 0 && Yb[j + 1] == 0) continue; //無資料略過
        if (j < f.ny / 2)
        {
            int dy = Yb[j] - Yb[j + 1];
            if (dy > tmx)
            {
                tmx = dy; Ytop = j;
            }
        }
        else
        {
            int dy = Yb[j + 1] - Yb[j];
            if (dy > bmx)
            {
                bmx = dy; Ybot = j;
            }
        }
    }
    //繪製上下邊界
    Bitmap bmp = f.GrayImg(B);
    Graphics G = Graphics.FromImage(bmp);
    G.DrawLine(Pens.Red, 0, Ytop, f.nx - 1, Ytop);
    G.DrawLine(Pens.Red, 0, Ytop + 1, f.nx - 1, Ytop);
    G.DrawLine(Pens.Red, 0, Ybot, f.nx - 1, Ybot);
    G.DrawLine(Pens.Red, 0, Ybot - 1, f.nx - 1, Ybot);
    PictureBox1.Image = bmp;
}
```

12-4 二值化

　　如前所述，我們已經定義了字元區的 Y 值範圍，所以只在這個區域內做二值化，本書中之前我們作二值化的概念是以平均亮度作為黑白兩色的門檻，但這是比較粗糙，通常會讓門檻偏高的作法，在這種高雜訊的影像上其實會造成災難，結果大概會變成這樣：

　　在此我們介紹一種使用灰階直方圖分佈為基礎，根據預期的黑點覆蓋率來決定門檻值的較精準方式，就是先找出字元區的灰階亮度直方圖分佈，因為我們知道每個亮度的畫素點數，當然也知道所有畫素的總點數，所以可以計算到哪個亮度的累積畫素點數會佔全圖的幾分之幾？

　　示意圖如下：

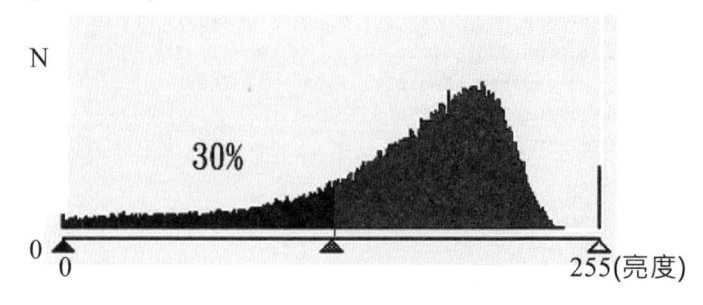

依據我們的經驗，一般字元區的覆蓋率依筆畫疏密不同，大約落在 30-50% 之間，所以就暫定 40%的覆蓋率來推算門檻值，Binary 按鍵的程式碼與執行結果如下：

```
//二值化
private void BinaryToolStripMenuItem_Click(object sender, EventArgs e)
{
    int[] his = new int[255]; //字元區的亮度分佈直方圖
    int n = 0;
    for (int j = Ytop; j <= Ybot; j++)
    {
        for (int i = 0; i < f.nx; i++)
        {
            his[B[i, j]] += 1; n += 1;
        }
    }
    //計算二值化門檻值
    brt = 0;
    int ac = his[0];
    while (ac < (int)(n * 0.4))
    {
        brt += 1;
        ac += his[brt];
    }
    Z = new byte[f.nx, f.ny];
    for (int j = Ytop; j <= Ybot; j++)
    {
        for (int i = 1; i < f.nx - 1; i++)
        {
            if (B[i, j] < brt) Z[i, j] = 1;
        }
    }
    PictureBox1.Image = f.BWImg(Z); //建立二值化圖
}
```

影像辨識實務應用－使用 C#

對於高雜訊的影像來說，二值化門檻的決定很困難，但也非常關鍵！太高會讓字元間沾連嚴重無法正確切割成單一字元，太低則會過於破碎，一個字會變成好多碎片。對於高雜訊影像我們不能總是期望有單一的理想門檻值可以讓所有字元粒粒分明，每個字都是一個獨立目標。即使偶爾運氣好，真的一字一目標，也會因為雜訊讓字元變形，如上圖的 9 字就多了一個尾巴，將它當作正常字元目標比對字模是一定無法辨識成功的！

所以我們必須引進很多統計平均或取中值的概念，或是外部的已知邊界條件來介入影像處理，不能完全信任影像辨識的過程資訊，譬如字元忽大忽小是一定不對的！我們必須用目標群的統計值或外部資訊預先假設字元的長寬比，讓每個目標都變成一樣大，這就是我們接下來會做的事情。在此二值化的階段，我們希望至少做到「**大部分**」的字元目標都能獨立出來，不要過度沾連或破碎，讓後續修補目標的措施難以施展即可。

12-5 建立目標物件

這部分程式與前面幾章高度類似，沒甚麼需要特別解釋，只是將目標寬與高的下限設定在 20 畫素，太破碎的小目標加以忽略而已，Target 按鍵的程式碼與執行結果如下：

```
//建立目標物件
private void TargetsToolStripMenuItem_Click(object sender, EventArgs e)
{
    C = getTargets(Z); //建立目標物件集合
    //繪製目標框線
    Bitmap bmp = f.BWImg(Z);
```

CHAPTER 12 挑戰蝕刻與浮雕字元的辨識

```
    Graphics G = Graphics.FromImage(bmp);
    for (int k = 0; k < C.Count; k++)
    {
        TgInfo T = (TgInfo)C[k];
        G.DrawRectangle(Pens.Red, T.xmn, T.ymn, T.width, T.height);
    }
    PictureBox1.Image = bmp;
}
//建立目標
private ArrayList getTargets(byte[,] q)
{
    int minwidth = 20, minheight = 20; //最小有效目標寬度寬高度
    ArrayList A = new ArrayList();
    byte[,] b = (byte[,])q.Clone(); //建立輪廓點陣列副本
    for (int i = 1; i < f.nx - 1; i++)
    {
        for (int j = 1; j < f.ny - 1; j++)
        {
            if (b[i, j] == 0) continue;
            TgInfo G = new TgInfo();
            G.xmn = i; G.xmx = i; G.ymn = j; G.ymx = j; G.P = new ArrayList();
            ArrayList nc = new ArrayList(); //每一輪搜尋的起點集合
            nc.Add(new Point(i, j)); G.P.Add(new Point(i, j)); //搜尋起點
            b[i, j] = 0; //清除此起點之輪廓點標記
            do
            {
                ArrayList nb = (ArrayList)nc.Clone(); //複製此輪之搜尋起點集合
                nc = new ArrayList(); //清除準備蒐集下一輪搜尋起點之集合
                for (int m = 0; m < nb.Count; m++)
                {
                    Point p = (Point)nb[m]; //搜尋起點
                    //在此點周邊 3X3 區域內找目標點
                    for (int ii = p.X - 1; ii <= p.X + 1; ii++)
                    {
                        if (ii < 0 || ii > f.nx - 1) continue; //避免搜尋越界
                        for (int jj = p.Y - 1; jj <= p.Y + 1; jj++)
                        {
                            if (jj < 0 || jj > f.ny - 1) continue; //避免搜尋越界
                            if (b[ii, jj] == 0) continue;
                            Point k = new Point(ii, jj);
                            nc.Add(k); G.P.Add(k); G.np += 1;
                            if (ii < G.xmn) G.xmn = ii;
```

```
                            if (ii > G.xmx) G.xmx = ii;
                            if (jj < G.ymn) G.ymn = jj;
                            if (jj > G.ymx) G.ymx = jj;
                            b[ii, jj] = 0;
                        }
                    }
                }
            } while (nc.Count > 0); //此輪搜尋有新發現輪廓點時繼續搜尋
            if (Z[i - 1, j] == 1) continue; //排除白色區塊的負目標
            G.width = G.xmx - G.xmn + 1;
            G.height = G.ymx - G.ymn + 1;
            //以寬高大小篩選目標
            if (G.height < minheight) continue;
            if (G.width < minwidth) continue;
            A.Add(G);
        }
    }
    return A; //回傳目標物件集合
}
```

12-6 融合與分割目標

　　可以看到上圖目標擷取的結果中的一些異常現象是：某些字元因為突出正常字元外的雜訊變形了，最嚴重的是 5 與 9 兩個字破碎了！用只包含字元**局部**資訊的目標去比對標準字模，當然不可能認出正確的字，所以首要的處理項目是：**要保證每個字元的全部資訊必須包含在單一目標之內**！這就是 Merge 按鍵的功能，程式碼與執行結果如下：

```csharp
//融合交疊目標
private void MergeTgsToolStripMenuItem_Click(object sender, EventArgs e)
{
    bool[] merged = new bool[C.Count];
    for (int k = 0; k < C.Count - 1; k++)
    {
        if (merged[k]) continue;
        TgInfo T = (TgInfo)C[k];
        for (int m = k + 1; m < C.Count; m++)
        {
            if (merged[m]) continue;
            TgInfo G = (TgInfo)C[m];
            if (T.xmx > G.xmn) //目標交疊進行融合
            {
                T.xmn = Math.Min(T.xmn, G.xmn);
                T.xmx = Math.Max(T.xmx, G.xmx);
                T.ymn = Math.Min(T.ymn, G.ymn);
                T.ymx = Math.Max(T.ymx, G.ymx);
                T.width = T.xmx - T.xmn + 1;
                T.height = T.ymx - T.ymn + 1;
                for (int i = 0; i < G.P.Count; i++)
                {
                    T.P.Add(G.P[i]);
                }
                merged[m] = true; //標記已被融合目標
                C[k] = T; //回置更新目標物件
            }
        }
    }
    //排除已被融合目標,建立新目標物件集合
    ArrayList A = new ArrayList();
    for (int k = 0; k < C.Count; k++)
    {
        if (merged[k]) continue;
        A.Add(C[k]);
    }
    C = A; //回置更新目標集合
    //繪製已融合處理之目標範圍框架
    Bitmap bmp = f.BWImg(Z);
    Graphics Gr = Graphics.FromImage(bmp);
    for (int k = 0; k < C.Count; k++)
    {
```

```
            TgInfo T = (TgInfo)C[k];
            Gr.DrawRectangle(Pens.Red, T.xmn, T.ymn, T.width, T.height);
        }
        PictureBox1.Image = bmp;
    }
```

我們使用的需融合目標條件是：兩個目標在 X 方向上有重複交疊的部分，因為我們已經將辨識區縮減到單排字元，所以包含有同樣 X 座標的目標「應該」是同一個字！所謂的「融合」就是取兩個目標的四方座標極值，重新定義給第一個目標，被吸收的目標則先加上標記，避免被重複使用，隨後被排除掉。

比對上一節的圖，果然該融合的目標都融合了，5 和 9 的合理內容都被包覆到單一目標內了！但是 9 與 0 兩個不應該融合的目標也被融合了！原因是 9 字類似尾巴的雜訊延伸超過了原來 0 字目標的 X 起點，也符合了上述融合的條件，所以就被融合了！這當然也是一個問題，在此我們假設最多就是兩個目標沾連，只做簡單的處理，就是讓過胖到明顯是兩個目標的目標直接從中切開為兩個目標，將以下程式片段插入即可：

```
//分割過大的沾連目標
int bh = Ybot - Ytop + 1; //理想字元高度
int bw = (int)(bh * 0.6); //理想字元寬度
TgInfo q = new TgInfo();
A = new ArrayList();
for (int k = 0; k < C.Count; k++)
{
    TgInfo T = (TgInfo)C[k];
    if (T.width > bw * 2)
    {
        TgInfo G = q.clone(T); //複製 T
        int midx = (T.xmn + T.xmx) / 2;
        T.xmx = midx;
```

```
            T.width = T.xmx - T.xmn + 1;
            G.xmn = midx;
            G.width = G.xmx - G.xmn + 1;
            A.Add(T); A.Add(G);
        }
        else
        {
            A.Add(T);
        }
    }
    C = A; //回置更新目標集合
```

再次執行此功能結果如下:

12-7 正規化目標大小

　　上節的處理結果還有甚麼可以挑剔的呢?每個字元都已經合理的變成獨立目標了!但是大家可以想像一下,其中的 A、4 與 5 字或許可以直接辨識成功,但是其他幾個字都因為字元邊緣突出的雜訊而明顯變形了,辨識失敗的可能性遠高於僥倖成功!如果沒有進一步的處理,整體辨識率還是會很低的!

　　我們還有甚麼資訊,或說招數可用呢?就是「**圖上字元都應該完全一樣大**」,而且「字元寬高比(形狀)也應該一樣」的合理假設!通常這些打印字體都是固定的,所以我們可以從外部資訊知道字元的寬高比,在此例中是大約 3 比 5!當我們從影像辨識中得到字元在影像中的實際高度是 bh = Tbot - Ttop 時,合理寬度 bw 就是 bh * 0.6 了!這個資訊其實在前面分割過胖字元時已經參考使用過了!

所以我們將每個目標寬度都強制定義成 bw，以此為前提，左右移動測試，找到哪個偏移位置可以包含最多的黑點，目標點密度最高也就是最理想的目標位置了！Best Fit 的按鍵功能程式碼與執行結果如下：

```csharp
//鎖定最佳目標區塊
private void BestFitToolStripMenuItem_Click(object sender, EventArgs e)
{
    int bh = Ybot - Ytop + 1; //理想字元高度
    int bw = (int)(bh * 0.6); //理想字元寬度
    //建立 X 方向的每行強度總和變化陣列
    int[] Xb = new int[f.nx];
    for (int i = 0; i < f.nx; i++)
    {
        for (int j = Ytop; j <= Ybot; j++)
        {
            Xb[i] += Z[i, j];
        }
    }
    //假設目標為理想寬度，搜尋目標點密度最高之 X 位置
    for (int k = 0; k < C.Count; k++)
    {
        TgInfo T = (TgInfo)C[k];
        int dw = Math.Abs(bw - T.width); //目標寬度與理想寬度之差
        int x1 = T.xmn, x2 = T.xmn; //左右搜尋之 X 範圍
        if (T.width < bw) x1 -= dw; //目標窄於理想寬度時，搜尋起點左移
        if (T.width > bw) x2 += dw; //目標寬於理想寬度時，搜尋終點右移
        int mx = 0, mi = T.xmn; //目標內之最大目標點總量與 X 位置
        for (int i = x1; i <= x2; i++)
        {
            int v = 0; //此估計目標內之目標點累計值
            for (int x = 0; x <= bw; x++)
            {
                if (i + x > f.nx - 1) continue;
                v += Xb[i + x];
            }
            if (v > mx)
            {
                mx = v; mi = i;
            }
        }
        T.width = bw; //修改目標點寬度為理想寬度
```

CHAPTER 12 挑戰蝕刻與浮雕字元的辨識

```
          T.xmn = mi; T.xmx = mi + bw - 1; //修改目標左右邊界
          //重建目標物件內之目標點集合內容
          T.P = new ArrayList();
          for (int i = T.xmn; i <= T.xmx; i++)
          {
             for (int j = T.ymn; j <= T.ymx; j++)
             {
                if (Z[i, j] == 1) T.P.Add(new Point(i, j));
             }
          }
          C[k] = T;
       }
       //繪製最佳目標位置與範圍
       Bitmap bmp = f.BWImg(Z);
       Graphics Gr = Graphics.FromImage(bmp);
       for (int k = 0; k < C.Count; k++)
       {
          TgInfo T = (TgInfo)C[k];
          Gr.DrawRectangle(Pens.Red, T.xmn, T.ymn, T.width, T.height);
       }
       PictureBox1.Image = bmp;
    }
```

　　看到了嗎？現在每一個目標都變成完全一樣大，形狀也完全一樣了！最重要的是：我們看到程式選擇的位置確實都很理想！都能正確框住我們視覺上認為最合理的字元區域，成功的忽略了從字元意外延伸出來的雜訊。可以預期這種目標要拿去字元比對的成功率就一定非常高了！

12-17

完整專案

```csharp
using System;
using System.Collections;
using System.Collections.Generic;
using System.ComponentModel;
using System.Data;
using System.Drawing;
using System.Globalization;
using System.Linq;
using System.Runtime.InteropServices;
using System.Text;
using System.Threading.Tasks;
using System.Windows.Forms;

namespace CsCarveRcg
{
    public partial class Form1 : Form
    {
        public Form1()
        {
            InitializeComponent();
        }
        byte[,] B; //灰階陣列
        byte[,] Z; //二值化陣列
        ArrayList C; //目標物件集合
        int brt; //全圖平均亮度
        int Ytop, Ybot; //字元列上下切線之Y值

        FastPixel f = new FastPixel(); //宣告快速繪圖物件
        //開啟影像
        private void OpenToolStripMenuItem_Click(object sender, EventArgs e)
        {
            if (OpenFileDialog1.ShowDialog() == DialogResult.OK)
            {
                Bitmap bmp = new Bitmap(OpenFileDialog1.FileName);
                f.Bmp2RGB(bmp); //讀取RGB亮度陣列
                PictureBox1.Image = bmp;
            }
        }
        //儲存影像
        private void SaveImageToolStripMenuItem_Click(object sender, EventArgs e)
```

```
        {
            if (SaveFileDialog1.ShowDialog() == DialogResult.OK)
            {
                PictureBox1.Image.Save(SaveFileDialog1.FileName);
            }
        }
        //搜尋鎖定字元列的上下切線
        private void YBoundToolStripMenuItem_Click(object sender, EventArgs e)
        {
            int[] Yb = new int[f.ny]; //各Y值橫列的亮度總和
            for (int j = 0; j < f.ny; j++)
            {
                for (int i = 0; i < f.nx; i++)
                {
                    Yb[j] += B[i, j];
                }
            }
            //用相鄰Y值的亮度差最大位置鎖定字元列上下邊界
            int tmx = 0, bmx = 0; //最大亮度差值
            Ytop = 0; Ybot = 0;
            for (int j = 0; j < f.ny - 2; j++)
            {
                if (Yb[j] == 0 && Yb[j + 1] == 0) continue; //無資料略過
                if (j < f.ny / 2)
                {
                    int dy = Yb[j] - Yb[j + 1];
                    if (dy > tmx)
                    {
                        tmx = dy; Ytop = j;
                    }
                }
                else
                {
                    int dy = Yb[j + 1] - Yb[j];
                    if (dy > bmx)
                    {
                        bmx = dy; Ybot = j;
                    }
                }
            }
            //繪製上下邊界
            Bitmap bmp = f.GrayImg(B);
```

```csharp
        Graphics G = Graphics.FromImage(bmp);
        G.DrawLine(Pens.Red, 0, Ytop, f.nx - 1, Ytop);
        G.DrawLine(Pens.Red, 0, Ytop + 1, f.nx - 1, Ytop);
        G.DrawLine(Pens.Red, 0, Ybot, f.nx - 1, Ybot);
        G.DrawLine(Pens.Red, 0, Ybot - 1, f.nx - 1, Ybot);
        PictureBox1.Image = bmp;
    }
    //二值化
    private void BinaryToolStripMenuItem_Click(object sender, EventArgs e)
    {
        int[] his = new int[255]; //字元區的亮度分佈直方圖
        int n = 0;
        for (int j = Ytop; j <= Ybot; j++)
        {
            for (int i = 0; i < f.nx; i++)
            {
                his[B[i, j]] += 1; n += 1;
            }
        }
        //計算二值化門檻值
        brt = 0;
        int ac = his[0];
        while (ac < (int)(n * 0.4))
        {
            brt += 1;
            ac += his[brt];
        }
        Z = new byte[f.nx, f.ny];
        for (int j = Ytop; j <= Ybot; j++)
        {
            for (int i = 1; i < f.nx - 1; i++)
            {
                if (B[i, j] < brt) Z[i, j] = 1;
            }
        }
        PictureBox1.Image = f.BWImg(Z); //建立二值化圖
    }
    //建立目標物件
    private void TargetsToolStripMenuItem_Click(object sender, EventArgs e)
    {
        C = getTargets(Z); //建立目標物件集合
        //繪製目標框線
```

```csharp
        Bitmap bmp = f.BWImg(Z);
        Graphics G = Graphics.FromImage(bmp);
        for (int k = 0; k < C.Count; k++)
        {
            TgInfo T = (TgInfo)C[k];
            G.DrawRectangle(Pens.Red, T.xmn, T.ymn, T.width, T.height);
        }
        PictureBox1.Image = bmp;
    }
    //建立目標
    private ArrayList getTargets(byte[,] q)
    {
        int minwidth = 20, minheight = 20; //最小有效目標寬度寬高度
        ArrayList A = new ArrayList();
        byte[,] b = (byte[,])q.Clone(); //建立輪廓點陣列副本
        for (int i = 1; i < f.nx - 1; i++)
        {
            for (int j = 1; j < f.ny - 1; j++)
            {
                if (b[i, j] == 0) continue;
                TgInfo G = new TgInfo();
                G.xmn = i; G.xmx = i; G.ymn = j; G.ymx = j; G.P = new ArrayList();
                ArrayList nc = new ArrayList(); //每一輪搜尋的起點集合
                nc.Add(new Point(i, j)); G.P.Add(new Point(i, j)); //搜尋起點
                b[i, j] = 0; //清除此起點之輪廓點標記
                do
                {
                    ArrayList nb = (ArrayList)nc.Clone(); //複製此輪之搜尋起點集合
                    nc = new ArrayList(); //清除準備蒐集下一輪搜尋起點之集合
                    for (int m = 0; m < nb.Count; m++)
                    {
                        Point p = (Point)nb[m]; //搜尋起點
                        //在此點周邊 3X3 區域內找目標點
                        for (int ii = p.X - 1; ii <= p.X + 1; ii++)
                        {
                            if (ii < 0 || ii > f.nx - 1) continue; //避免搜尋越界
                            for (int jj = p.Y - 1; jj <= p.Y + 1; jj++)
                            {
                                if (jj < 0 || jj > f.ny - 1) continue; //避免搜尋越界
                                if (b[ii, jj] == 0) continue;
                                Point k = new Point(ii, jj);
                                nc.Add(k); G.P.Add(k); G.np += 1;
```

```
                    if (ii < G.xmn) G.xmn = ii;
                    if (ii > G.xmx) G.xmx = ii;
                    if (jj < G.ymn) G.ymn = jj;
                    if (jj > G.ymx) G.ymx = jj;
                    b[ii, jj] = 0;
                }
            }
        }
        } while (nc.Count > 0); //此輪搜尋有新發現輪廓點時繼續搜尋
        if (Z[i - 1, j] == 1) continue; //排除白色區塊的負目標
        G.width = G.xmx - G.xmn + 1;
        G.height = G.ymx - G.ymn + 1;
        //以寬高大小篩選目標
        if (G.height < minheight) continue;
        if (G.width < minwidth) continue;
        A.Add(G);
    }
}
    return A; //回傳目標物件集合
}
//融合交疊目標
private void MergeTgsToolStripMenuItem_Click(object sender, EventArgs e)
{
    bool[] merged = new bool[C.Count];
    for (int k = 0; k < C.Count - 1; k++)
    {
        if (merged[k]) continue;
        TgInfo T = (TgInfo)C[k];
        for (int m = k + 1; m < C.Count; m++)
        {
            if (merged[m]) continue;
            TgInfo G = (TgInfo)C[m];
            if (T.xmx > G.xmn) //目標交疊進行融合
            {
                T.xmn = Math.Min(T.xmn, G.xmn);
                T.xmx = Math.Max(T.xmx, G.xmx);
                T.ymn = Math.Min(T.ymn, G.ymn);
                T.ymx = Math.Max(T.ymx, G.ymx);
                T.width = T.xmx - T.xmn + 1;
                T.height = T.ymx - T.ymn + 1;
                for (int i = 0; i < G.P.Count; i++)
                {
```

```csharp
                T.P.Add(G.P[i]);
            }
            merged[m] = true; //標記已被融合目標
            C[k] = T; //回置更新目標物件
        }
    }
}
//排除已被融合目標，建立新目標物件集合
ArrayList A = new ArrayList();
for (int k = 0; k < C.Count; k++)
{
    if (merged[k]) continue;
    A.Add(C[k]);
}
C = A; //回置更新目標集合
//分割過大的沾連目標
int bh = Ybot - Ytop + 1; //理想字元高度
int bw = (int)(bh * 0.6); //理想字元寬度
TgInfo q = new TgInfo();
A = new ArrayList();
for (int k = 0; k < C.Count; k++)
{
    TgInfo T = (TgInfo)C[k];
    if (T.width > bw * 2)
    {
        TgInfo G = q.clone(T); //複製T
        int midx = (T.xmn + T.xmx) / 2;
        T.xmx = midx;
        T.width = T.xmx - T.xmn + 1;
        G.xmn = midx;
        G.width = G.xmx - G.xmn + 1;
        A.Add(T); A.Add(G);
    }
    else
    {
        A.Add(T);
    }
}
C = A; //回置更新目標集合
//繪製已融合處理之目標範圍框架
Bitmap bmp = f.BWImg(Z);
Graphics Gr = Graphics.FromImage(bmp);
```

```csharp
        for (int k = 0; k < C.Count; k++)
        {
            TgInfo T = (TgInfo)C[k];
            Gr.DrawRectangle(Pens.Red, T.xmn, T.ymn, T.width, T.height);
        }
        PictureBox1.Image = bmp;
    }
    //鎖定最佳目標區塊
    private void BestFitToolStripMenuItem_Click(object sender, EventArgs e)
    {
        int bh = Ybot - Ytop + 1; //理想字元高度
        int bw = (int)(bh * 0.6); //理想字元寬度
        //建立X方向的每行強度總和變化陣列
        int[] Xb = new int[f.nx];
        for (int i = 0; i < f.nx; i++)
        {
            for (int j = Ytop; j <= Ybot; j++)
            {
                Xb[i] += Z[i, j];
            }
        }
        //假設目標為理想寬度,搜尋目標點密度最高之X位置
        for (int k = 0; k < C.Count; k++)
        {
            TgInfo T = (TgInfo)C[k];
            int dw = Math.Abs(bw - T.width); //目標寬度與理想寬度之差
            int x1 = T.xmn, x2 = T.xmn; //左右搜尋之X範圍
            if (T.width < bw) x1 -= dw; //目標窄於理想寬度時,搜尋起點左移
            if (T.width > bw) x2 += dw; //目標寬於理想寬度時,搜尋終點右移
            int mx = 0, mi = T.xmn; //目標內之最大目標點總量與X位置
            for (int i = x1; i <= x2; i++)
            {
                int v = 0; //此估計目標內之目標點累計值
                for (int x = 0; x <= bw; x++)
                {
                    if (i + x > f.nx - 1) continue;
                    v += Xb[i + x];
                }
                if (v > mx)
                {
                    mx = v; mi = i;
                }
```

```csharp
        }
        T.width = bw;  //修改目標點寬度為理想寬度
        T.xmn = mi; T.xmx = mi + bw - 1;  //修改目標左右邊界
        //重建目標物件內之目標點集合內容
        T.P = new ArrayList();
        for (int i = T.xmn; i <= T.xmx; i++)
        {
            for (int j = T.ymn; j <= T.ymx; j++)
            {
                if (Z[i, j] == 1) T.P.Add(new Point(i, j));
            }
        }
        C[k] = T;
    }
    //繪製最佳目標位置與範圍
    Bitmap bmp = f.BWImg(Z);
    Graphics Gr = Graphics.FromImage(bmp);
    for (int k = 0; k < C.Count; k++)
    {
        TgInfo T = (TgInfo)C[k];
        Gr.DrawRectangle(Pens.Red, T.xmn, T.ymn, T.width, T.height);
    }
    PictureBox1.Image = bmp;
}

//蝕刻或浮雕字影像的影像前處理→空間亮度偏差值積分
private void IntegralToolStripMenuItem_Click(object sender, EventArgs e)
{
    //計算全圖平均亮度
    brt = 0;
    for (int i = 0; i < f.nx; i++)
    {
        for (int j = 0; j < f.ny; j++)
        {
            brt += f.Gv[i, j];
        }
    }
    brt = (int)((double)brt / f.nx / f.ny);
    //計算空間亮度偏差值的局部積分
    int[,] T = new int[f.nx, f.ny];
    int mx = 0;
    for (int i = 3; i < f.nx - 3; i++)
```

```csharp
            {
                for (int j = 3; j < f.ny - 3; j++)
                {
                    int d = 0;
                    for (int x = -3; x < 4; x++)
                    {
                        for (int y = -3; y < 4; y++)
                        {
                            d += Math.Abs(f.Gv[i + x, j + y] - brt);
                            //與平均亮度的偏差值
                        }
                    }
                    T[i, j] = d; //此點積分值
                    if (d > mx) mx = d; //最大積分值
                }
            }
            //積分陣列轉換為灰階
            B = new byte[f.nx, f.ny];
            double z = (double)mx / 255 / 2; //積分值投射為灰階值之比例(X2 倍)
            for (int i = 3; i < f.nx - 3; i++)
            {
                for (int j = 3; j < f.ny - 3; j++)
                {
                    int u = (int)(T[i, j] / z);
                    if (u > 255) u = 255;
                    B[i, j] = (byte)(255 - u); //灰階,目標為深色
                }
            }
            PictureBox1.Image = f.GrayImg(B); //灰階圖
        }
    }
}
```

13
CHAPTER

動態影像辨識的基本動作

CHECK POINT

13-1 如何從動態串流影像中取得可辨識的靜態影像？

13-2 製作出一個半透明的辨識區域設定框

13-3 拷貝螢幕的程式

13-4 動態偵測的程式

13-5 後記

13-1　如何從動態串流影像中取得可辨識的靜態影像？

　　前面介紹的影像辨識程序處理的對象都是單張的靜態影像，但實際上現在多數時候我們都是從攝影機的動態畫面中取得影像作辨識的！譬如我們想從監視器上辨識一輛經過的車牌，就必須取得動態影像中的某些定格畫面作辨識！

　　現在的 IPCAM 攝影機架構上就是一個有 IP 的影像串流網站，理論上我們可以使用攝影機的 SDK 指令要求攝影機回傳單張即時影像，但是很多攝影機廠商會刻意隱藏這個指令，可能是要藉此強迫使用者購買他們搭配的軟體吧？

　　我們也可以使用可從網路免費取得的工具程式，將傳入電腦的串流資料進行解碼成為單張影像，但如果這麼作會消耗大量的 CPU 運算資源，讓也需要大量運算的影像辨識工作資源匱乏！所以要取得攝影機畫面的影像，最理想的方式就是拷貝螢幕了！原因是影像串流解碼的工作預設會由電腦的顯示卡執行，那樣就不會占用 CPU 了！

　　本章的主要內容就是要教大家如何製作程式介面，指定螢幕上的某個區塊，作連續擷取影像的動作。既然可以連續取像了，就順勢介紹動態偵測的概念，讓前後兩張影像作亮度差異的計算，沒變化的背景就會接近空白，移動中的物體則會有明顯的亮度擾動，就會被凸顯出來了！你不需要特殊的設備或軟體，也可以作出動態追蹤的程式！

請模仿之前專案,建立 Form1 表單主功能表如下,包含:CopyScreen, GrayDifference 與 Binay 三個按鍵,並加入一個 PictueBox1,SizeMode 屬性設為 Zoom 讓擷取之影像不論大小都會完整顯示於此,最後加入一個 Timer1,Interval 屬性使用預設的 100 毫秒。

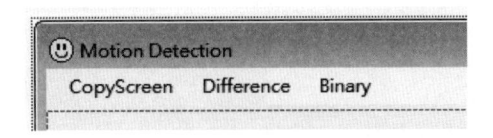

13-2 製作出一個半透明的辨識區域設定框

相信多數人都用過螢幕錄影程式,它們一定有一個可以自由調整錄影範圍的框框介面,在此我們也有一樣的需要。事實上它是一個特殊設計的表單,請先在專案中加入一個 Form2,將 FormBorderStyle 屬性設為 None,Opacity(不透明度)屬性從 100%改成 60%,然後將 BackColorg 設為鮮豔的黃色,這樣就可以做出一個無邊框且半透明的表單了!因為這個表單被使用時不能被其他視窗遮住,所以 TopMost 屬性要設定為 True!

接著請加入一個 Label1 物件,將 Text 內容刪除,AutoSize 屬性改成 False,寬高都改成 10, BackColor 設為黑色,將它放在表單的右下角,就可以作出類似小畫家用來調整影像大小的一個小黑方塊介面了!設計階段外觀如下:

目前看起來表單還不是空心的,這無法在表單設計階段完成,必須在表單載入時使用特殊的程式去挖空它。請先在表單程式碼葉面的最上方,匯入需要使用的命名空間 using System.Drawing.Drawing2D;,然後建立 Form_Load 以及 ClipWindow 副程式,程式碼如下:

13-3

```
using System.Drawing.Drawing2D;
namespace CsMotionDetect

        //開啟視窗,建立一個鏤空半透明外觀的視窗
    private void Form2_Load(object sender, EventArgs e)
    {
        ClipWindow(); //鏤空視窗
    }
    //鏤空視窗
    private void ClipWindow()
    {
        GraphicsPath path = new GraphicsPath();
        Point[] pt = new Point[10];
        pt[0].X = 0; pt[0].Y = 0; //左上角
        pt[1].X = this.Width; pt[1].Y = 0; //右上角
        pt[2].X = this.Width; pt[2].Y = this.Height; //右下角
        pt[3].X = 0; pt[3].Y = this.Height; //左下角
        pt[4].X = 0; pt[4].Y = this.Height - 10;
        pt[5].X = this.Width - 10; pt[5].Y = this.Height - 10;
        pt[6].X = this.Width - 10; pt[6].Y = 10;
        pt[7].X = 10; pt[7].Y = 10;
        pt[8].X = 10; pt[8].Y = this.Height - 10;
        pt[9].X = 0; pt[9].Y = this.Height - 10;
        path.AddPolygon(pt); //以多邊形的方式加入path
        this.Region = new Region(path); //Region 視窗區域
    }
```

它的邏輯是用一個複雜的多邊形定義出一個「**需要顯示出來**」的範圍!就是一個空心的框框。在此範圍以外的表單在繪製表單時就變成完全透明的了!要看到它執行的效果,請先返回 Form1 表單,在 Form_Load 事件中開啟一個 Form2,程式碼如下:

```
Form2 F2 = new Form2(); //監看範圍設定框
//啟動程式顯示監看範圍設定框
private void Form1_Load(object sender, EventArgs e)
{
    F2.Show();
}
```

執行後可以看到如下畫面：

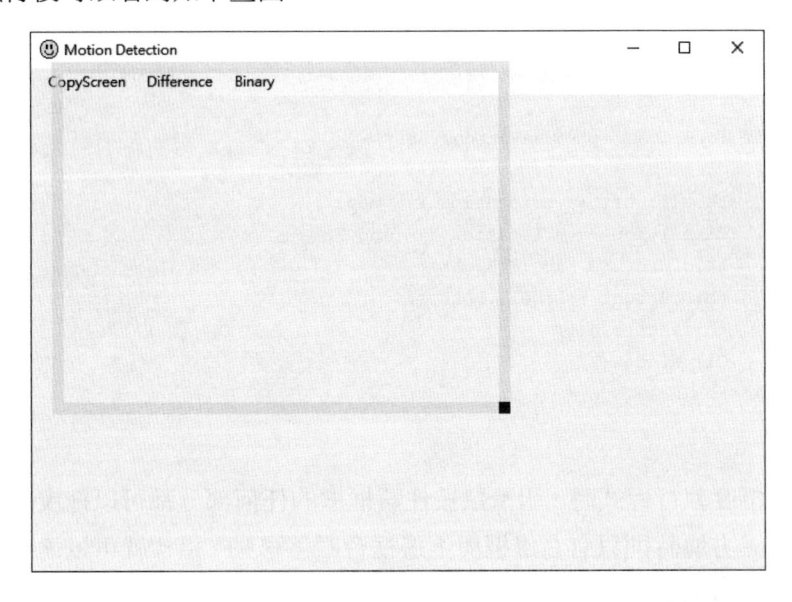

此時這個框框和那個黑方塊都還無法被拖曳改變識窗位置與大小，請在 Form2 程式碼中依序加入 Form2 與 Label1 的 MouseDown 與 MouseMove 事件程式碼如下：

```
Point mdp; //拖曳起點
//拖曳視窗功能，定義視窗位置
private void Form2_MouseDown(object sender, MouseEventArgs e)
{
   mdp = e.Location;
}

private void Form2_MouseMove(object sender, MouseEventArgs e)
{
   if (e.Button == MouseButtons.Left)
   {
      this.Left += e.Location.X - mdp.X;
      this.Top += e.Location.Y - mdp.Y;
   }
}

//拖曳右下角功能，定義視窗寬高大小
private void Label1_MouseDown(object sender, MouseEventArgs e)
{
```

13-5

```
       mdp = e.Location;
   }

   private void Label1_MouseMove(object sender, MouseEventArgs e)
   {
      if (e.Button == MouseButtons.Left)
      {
         Label1.Left += e.Location.X - mdp.X;
         Label1.Top += e.Location.Y - mdp.Y;
         this.Width = Label1.Right;
         this.Height = Label1.Bottom;
         this.Refresh();
         ClipWindow();
      }
   }
```

這樣再度執行程式時,用滑鼠按住黃框框的任何部分都可以拖曳整個視窗了!拖曳黑方塊時則只有右邊框與下邊框會跟著移動,這樣就可以達到讓視窗大小改變的目的了!

13-3 拷貝螢幕的程式

回到 Form1 請先將 CopyScreen 按鍵與 Timer1 的預設 Tick 事件內容寫成這樣:

```
//啟動監看
private void CopyScreenToolStripMenuItem_Click(object sender, EventArgs e)
{
   F2.Hide();
   Timer1.Start();
}
//動態監看迴圈
private void Timer1_Tick(object sender, EventArgs e)
{
   Bitmap bmp = new Bitmap(F2.Width, F2.Height);
   Graphics G = Graphics.FromImage(bmp);
   G.CopyFromScreen(F2.Location, new Point(0, 0), F2.Size);
   PictureBox1.Image = bmp;  //原圖顯示
}
```

這段程式的意義是：先建立一個與 Form2(F2)一樣大的影像物件 bmp，再建立此影像的繪圖物件 G，然後用 G 執行拷貝螢幕畫面到 bmp 的動作。因為是反覆執行的 Timer，這樣就可以用每 100 毫秒(0.1 秒)的週期持續複製黃框框指定範圍的影像縮放到 PictueBox1 了！各位可以用任何會動的影片，譬如 YouTube 的視訊作測試。

一個有趣的事實是：其實我們拷貝的資料並不在「**螢幕**」裡面，而是在**顯示卡**的某個記憶體區塊。所以如果你將螢幕電源關掉，甚至訊號線也拔除，程式還是會繼續拷貝「**螢幕影像**」的！不相信你可以寫存檔程式檢驗我的說法！但是如果讓螢幕進入「休眠」，作業系統就會暫停顯示卡的作用，你就拷貝不到畫面了！

13-4 動態偵測的程式

「**動態**」偵測就是偵測影像亮度何處有變化？也就表示有物體在動，這類功能在安全監控行業當然是很重要的！譬如基本的門窗是否被開關等等。我們如果持續追蹤擾動區的位置，也可以變成目標追蹤的程式！在此我們先將最簡單偵測擾動的基本動作教給大家，概念就是連續兩個影像的灰階亮度差異，所以我們不但要解析當下影像的內容，還要保留前一張影像的亮度資訊作為判斷有無擾動的參考。

請先在公用變數區域加上這兩行宣告：

```
byte[,] B1, B2; //連續影像的灰階陣列
int Type = 0; //顯示模式：0→原圖，1→灰階，2→二值化
```

B2 代表目前影像的灰階，B1 則是前一張的灰階。我們準備用灰階及二值化的兩種方式顯示擾動狀態，所以定義了 Type 這個參數，0 是直接顯示原圖，1 是顯示灰階差異，2 是顯示差異的二值化圖。這個參數是在 Timer1 顯示輸出影像時產生作用，由主功能表的按鍵，搭配一個副程式加以定義，灰階與二值化的程式碼如下：

```csharp
//灰階差異
private void DifferenceToolStripMenuItem_Click(object sender, EventArgs e)
{
    Type = 1;
}
//灰階動態圖
private Bitmap GrayDiff()
{
    byte[,] D = new byte[f.nx, f.ny];
    for (int i = 0; i < f.nx; i++)
    {
        for (int j = 0; j < f.ny; j++)
        {
            D[i, j] = (byte)(255-Math.Abs((int)B1[i, j] - B2[i, j]));
        }
    }
    return f.GrayImg(D);
}
//高差異點二值化
private void BinaryToolStripMenuItem_Click(object sender, EventArgs e)
{
    Type = 2;
}
//二值化動態圖
private Bitmap BinDiff()
{
    int Th = 10;
    byte[,] D = new byte[f.nx, f.ny];
    for (int i = 0; i < f.nx; i++)
    {
        for (int j = 0; j < f.ny; j++)
        {
            int dd=Math.Abs((int)B1[i,j]-B2[i,j]);
            if(dd>Th) D[i, j] = 1;
        }
    }
    return f.BWImg(D);
}
```

程式的意義很簡單，在灰階顯示時是將 B1 與 B2 的亮度差異絕對值當新的資料繪製灰階圖，預期亮度不變的背景會趨近於零，我們將它用負片顯示，

0 值就會呈現白色，擾動區則顯示深淺不一的灰色。二值化只是定義一個亮度差異的門檻值，低於門檻表示擾動幅度小加以忽略，大於門檻則是確定為移動的目標。接下來我們還必須修改 Timer1 的程式如下：

```csharp
//動態監看迴圈
private void Timer1_Tick(object sender, EventArgs e)
{
    Bitmap bmp = new Bitmap(F2.Width, F2.Height);
    Graphics G = Graphics.FromImage(bmp);
    G.CopyFromScreen(F2.Location, new Point(0, 0), F2.Size);
    f.Bmp2RGB(bmp);
    if (B1 == null)
    {
        B1 = f.Gv; return;
    }
    else
    {
        B1 = B2;
    }
    B2 = f.Gv;
    switch (Type)
    {
        case 0:
            PictureBox1.Image = bmp; //原圖顯示
            break;
        case 1:
            PictureBox1.Image = GrayDiff(); //差異灰階顯示
            break;
        case 2:
            PictureBox1.Image = BinDiff(); //差異二值化顯示
            break;
    }
}
```

重點在於每張新的影像要抽取 RGB 的資訊，以 Gv 綠光為灰階，B2 資料還要先複製到 B1 陣列，再用 B2 承接新的資料。以本章開頭的影片畫面來測試，有人走過的同一事件發生時，原圖、灰階與二值化圖依序大概會是這個樣子：

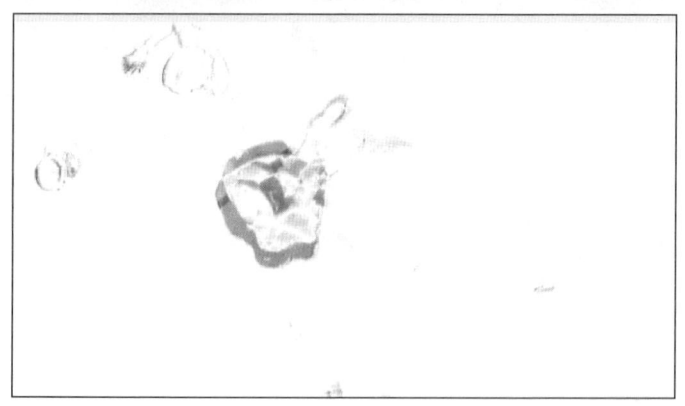

13-5 後記

　　本章最重要的意義是讓讀者知道如何自由取得螢幕畫面上的影像，所有的「監視」程式都是以此為始。但是老實說，個人經營公司承接各種影像辨識專案，最戒慎恐懼的就是動態目標追蹤的程式！原因是差異影像的本質是非常不穩定的，譬如監看有無小偷翻牆的程式，如果碰到旁邊有樹木隨風搖擺就會是很難克服的雜訊。

　　就算是室內固定攝影機的影像，也常會因為攝影機本身內部自動調整焦距或亮度時產生的變化讓差異影像出現高雜訊，這些因素來自硬體，我們在軟體層面及難掌握，安全監控的責任也很重大，不能漏接真實闖入事件，又不能誤報太頻繁，所以看似「簡單」的電子圍籬軟體其實很不簡單！

　　在此又要再次提醒過度相信機器學習或深度學習會有神效的讀者，這些影響影像辨識的誤差雜訊都是來自不同的環境因素，包括攝影機本身的特性在內，如果你依賴機率統計降低誤差，提高辨識率是很危險的作法！因為一換環境，甚至季節的更迭，攝影機焦距改變都會讓之前的「學習成果」大幅偏離現狀。最合理的研發方向，還是要分析觀察每一種誤差雜訊的成因與特性，作好針對性的處理，影像辨識軟體要穩定可靠，絕對沒有簡單的公式或 SOP 可以套用。

完整專案

```csharp
using CsRGBshow;
using System;
using System.Collections.Generic;
using System.ComponentModel;
using System.Data;
using System.Drawing;
using System.Linq;
using System.Text;
using System.Threading.Tasks;
using System.Windows.Forms;

namespace CsMotionDetect
{
    public partial class Form1 : Form
    {
        public Form1()
        {
            InitializeComponent();
        }
        byte[,] B1, B2; //連續影像的灰階陣列
        int Type = 0; //顯示模式:0→原圖,1→灰階,2→二值化
        Form2 F2 = new Form2(); //監看範圍設定框
        FastPixel f = new FastPixel(); //快速繪圖物件

        //啟動程式顯示監看範圍設定框
        private void Form1_Load(object sender, EventArgs e)
        {
            F2.Show();
        }
        //啟動監看
        private void CopyScreenToolStripMenuItem_Click(object sender, EventArgs e)
        {
            F2.Hide();
            Timer1.Start();
        }
        //灰階差異
        private void DifferenceToolStripMenuItem_Click(object sender, EventArgs e)
        {
            Type = 1;
        }
```

```csharp
//灰階動態圖
private Bitmap GrayDiff()
{
   byte[,] D = new byte[f.nx, f.ny];
   for (int i = 0; i < f.nx; i++)
   {
      for (int j = 0; j < f.ny; j++)
      {
         D[i, j] = (byte)(255-Math.Abs((int)B1[i, j] - B2[i, j]));
      }
   }
   return f.GrayImg(D);
}
//高差異點二值化
private void BinaryToolStripMenuItem_Click(object sender, EventArgs e)
{
   Type = 2;
}
//二值化動態圖
private Bitmap BinDiff()
{
   int Th = 10;
   byte[,] D = new byte[f.nx, f.ny];
   for (int i = 0; i < f.nx; i++)
   {
      for (int j = 0; j < f.ny; j++)
      {
         int dd=Math.Abs((int)B1[i,j]-B2[i,j]);
         if(dd>Th) D[i, j] = 1;
      }
   }
   return f.BWImg(D);
}
//動態監看迴圈
private void Timer1_Tick(object sender, EventArgs e)
{
   Bitmap bmp = new Bitmap(F2.Width, F2.Height);
   Graphics G = Graphics.FromImage(bmp);
   G.CopyFromScreen(F2.Location, new Point(0, 0), F2.Size);
   f.Bmp2RGB(bmp);
   if (B1 == null)
   {
```

```
                B1 = f.Gv; return;
            }
            else
            {
                B1 = B2;
            }
            B2 = f.Gv;
            switch (Type)
            {
                case 0:
                    PictureBox1.Image = bmp;  //原圖顯示
                    break;
                case 1:
                    PictureBox1.Image = GrayDiff();  //差異灰階顯示
                    break;
                case 2:
                    PictureBox1.Image = BinDiff();  //差異二值化顯示
                    break;
            }
        }
    }
}

using System;
using System.Collections.Generic;
using System.ComponentModel;
using System.Data;
using System.Drawing;
using System.Linq;
using System.Text;
using System.Threading.Tasks;
using System.Windows.Forms;
using System.Drawing.Drawing2D;
using System.Drawing;

namespace CsMotionDetect
{
    public partial class Form2 : Form
    {
        public Form2()
        {
            InitializeComponent();
```

```
}
Point mdp; //拖曳起點
//開啟視窗,建立一個鏤空半透明外觀的視窗
private void Form2_Load(object sender, EventArgs e)
{
    ClipWindow(); //鏤空視窗
}
//鏤空視窗
private void ClipWindow()
{
    GraphicsPath path = new GraphicsPath();
    Point[] pt = new Point[10];
    pt[0].X = 0; pt[0].Y = 0; //左上角
    pt[1].X = this.Width; pt[1].Y = 0; //右上角
    pt[2].X = this.Width; pt[2].Y = this.Height; //右下角
    pt[3].X = 0; pt[3].Y = this.Height; //左下角
    pt[4].X = 0; pt[4].Y = this.Height - 10;
    pt[5].X = this.Width - 10; pt[5].Y = this.Height - 10;
    pt[6].X = this.Width - 10; pt[6].Y = 10;
    pt[7].X = 10; pt[7].Y = 10;
    pt[8].X = 10; pt[8].Y = this.Height - 10;
    pt[9].X = 0; pt[9].Y = this.Height - 10;
    path.AddPolygon(pt); //以多邊形的方式加入path
    this.Region = new Region(path); //Region視窗區域
}
//拖曳視窗功能,定義視窗位置
private void Form2_MouseDown(object sender, MouseEventArgs e)
{
    mdp = e.Location;
}

private void Form2_MouseMove(object sender, MouseEventArgs e)
{
    if (e.Button == MouseButtons.Left)
    {
        this.Left += e.Location.X - mdp.X;
        this.Top += e.Location.Y - mdp.Y;
    }
}

//拖曳右下角功能,定義視窗寬高大小
```

```csharp
private void Label1_MouseDown(object sender, MouseEventArgs e)
{
    mdp = e.Location;
}

private void Label1_MouseMove(object sender, MouseEventArgs e)
{
    if (e.Button == MouseButtons.Left)
    {
        Label1.Left += e.Location.X - mdp.X;
        Label1.Top += e.Location.Y - mdp.Y;
        this.Width = Label1.Right;
        this.Height = Label1.Bottom;
        this.Refresh();
        ClipWindow();
    }
}
}
```

MEMO

MEMO

MEMO

MEMO